北京市教育委员会科技计划一般项目（KM202010009001）
北京市自然科学基金资助项目（2204080）
国家自然科学基金项目（51974320，51904082，51774184）

大采高工作面煤壁破坏机理分析及采场围岩控制研究

宋高峰　王振伟　著

中国建材工业出版社

图书在版编目（CIP）数据

大采高工作面煤壁破坏机理分析及采场围岩控制研究／
宋高峰，王振伟著 . --北京：中国建材工业出版社，
2020.6

ISBN 978-7-5160-2885-8

Ⅰ.①大… Ⅱ.①宋… ②王… Ⅲ.①大采高-回采
工作面-煤壁-围岩控制-研究 Ⅳ.①TD802

中国版本图书馆 CIP 数据核字（2020）第 059335 号

大采高工作面煤壁破坏机理分析及采场围岩控制研究

Dacaigao Gongzuomian Meibi Pohuai Jili Fenxi ji Caichang Weiyan Kongzhi Yanjiu

宋高峰　王振伟　　著

出版发行：中国建材工业出版社

地　　址：北京市海淀区三里河路 1 号

邮　　编：100044

经　　销：全国各地新华书店

印　　刷：北京雁林吉兆印刷有限公司

开　　本：710mm×1000mm　1/16

印　　张：6.5

字　　数：150 千字

版　　次：2020 年 6 月第 1 版

印　　次：2020 年 6 月第 1 次

定　　价：**49.80 元**

前　言

　　厚煤层是我国的主采煤层，厚煤层开采技术在很大程度上决定着我国煤炭资源安全、高效、集约开采的发展方向，也是国家能源战略安全的重要保障。其中，厚煤层大采高综合机械化开采技术具有资源回收率高、生产工艺简单、生产效率高、瓦斯涌出量少等优点，逐渐成为我国厚煤层开采的主要技术手段和发展方向。随着科学技术的快速发展和装备水平的不断提高，大采高综采技术在我国发展迅猛，一次采出厚度不断增大，工作面单产水平大幅提高，我国的大采高综采技术逐渐达到世界领先水平。

　　近年来，大采高工作面采高进一步增加到了7~8m。随着大采高工作面一次采出厚度的增加，以及工作面长度和开采深度的不断加大，工作面上覆岩层的移动范围和破坏程度也随之增大，工作面前方支承压力影响范围更广，基本顶来压更剧烈，采场矿压显现更加明显，顶板作用在煤壁上的压力和时间也随之增加，大面积、大深度的煤壁片帮现象也更普遍。与此同时，工作面煤壁片帮往往伴随着端面冒顶，造成支架-围岩关系恶化，进一步加剧煤壁破坏。煤壁片帮和端面冒顶等采场围岩控制问题严重威胁工作面人员的安全、影响工作面设备的正常使用、降低工作面产量和经济效益。首先，工作面煤壁片帮和端面冒顶对矿工的生命安全构成极大的威胁；其次，片落煤体及冒落顶板易导致刮板输送机超载，降低采煤机开机率，影响液压支架稳定性，从而降低工作面设备的工作性能和使用寿命，增加设备维护的时间和资金投入；最后，煤壁片帮影响采煤工作面的正常推进，降低工作面单产水平，片帮治理需要巨额资金投入和时间投入，严重制约大采高工作面的安全、高效、集约开采。因此，研究煤壁破坏机理，分析大采高综采工作面煤壁破坏的影响因素，改善支架与围岩相互作用关系，对提高大采高工作面煤壁的稳定性、实现矿井的安全高产高效具有重大意义。

　　基于以上实践问题及其工程意义，笔者开展了理论分析、数值模拟、相似模拟、现场实践等研究工作，以期从能量法的角度进一步丰富煤壁片帮机理的理论研究，从采场系统刚度理论体系进一步完善煤壁片帮影响因素的敏感度分析，从伸缩式两级液压缸立柱的活动规律进一步阐述支架与围岩收敛变形的耦合关系，从采场围岩稳定性三维模型试验进一步揭示"顶板-支架-煤壁"协调变形机制。笔者在王家臣教授的指导下和采矿与岩石开挖实验室师兄弟的帮助下完成本著作，将这本著作呈现给读者，以期读者能加深对煤壁破坏机理及支架-围岩耦合关系的认识，为采场围岩控制提供有益帮助。

本书在撰写过程中得到了杨胜利副教授、潘卫东副教授、仲淑姮副教授、孔德中博士、王兆会博士、张锦旺博士、魏臻博士、刘飞博士、吕华永博士、杨毅硕士、李良晖硕士、张亚宁硕士、谢非硕士、戚靖晨硕士、解立赫硕士、赵斌硕士的大力支持，在此表示衷心感谢。书中也包含一些通用知识、他人的研究成果以及合作单位共同完成的科研成果，在此引用是为了保持本书体系的完整性与可读性，对所引用成果的作者也表示衷心的感谢。

感谢北京市教育委员会科技计划一般项目（KM202010009001）、北京市自然科学基金资助项目（2204080）和国家自然科学基金项目（51974320，51904082，51774184）的资助。

本书中的一些学术观点和认识可能有疏漏和不妥之处，敬请读者与同仁批评指正。

著　者
2020 年 6 月

目　　录

第1章 绪 论

2016年我国煤炭产量下降7.9%，煤炭消费下降1.6%，煤炭在我国主体能源结构中所占比重为62%（连续第5年下降），尽管如此，煤炭在我国的主体能源地位仍难以撼动。然而，我国煤炭行业市场供需失衡和产能过剩问题依然严峻。在我国14个亿吨级大型煤炭基地中，由于资源储量有限、地质条件复杂、生态环境脆弱、资源濒临枯竭等原因，我国将逐步降低鲁西、冀中、河南、两淮4个煤炭基地生产规模，控制蒙东、晋北、晋中、晋东、云贵、宁东6个煤炭基地的生产规模，而我国西部神东、陕北、黄陇、新疆4个大型煤炭基地资源储量丰富、开采条件优越，实现这类矿井的煤炭安全高效开采，对煤炭行业化解过剩产能实现脱困发展具有重要意义，符合科学采矿的核心内涵[1-3]。

我国神东、陕北、黄陇、新疆大型煤炭基地广泛赋存着6~9m厚、埋藏较浅、赋存稳定、煤质坚硬、开采条件优越的厚煤层，由于顶煤冒放性差等原因，大部分这类煤层无法实现放顶煤开采，因而多采用厚煤层一次采全高综采技术（大采高综采技术）。近年来，随着综合机械化装备制造技术和工作面安全管理水平的不断提高，我国陆续成功试验了6m、7m、8m超大采高综采技术，并在晋、蒙、陕、新等西部矿区大型矿井得到了快速推广和应用，目前上湾煤矿已开始组装和试验8.8m超大采高重型综采工作面。

大采高工作面经常发生顶板大面积来压、支架动载冲击、压架事故或切顶压架、煤壁片帮、端面冒顶等采场围岩灾害（图1-1）。对开采强度高、采出空间大、扰动范围广的厚煤层超大采高综采工作面，由于直接顶冒落后，不能充分充填采空区，采场"顶板-煤壁-支架"系统往往表现出明显的动载矿压显现特征，例如：①顶板发出响动，来压强度大、范围广、持续时间长；②煤壁不断发出煤炮响声，煤壁大面积片帮及端面漏矸频发；③支架负荷重、动载冲击明显。特定地质条件下还会导致切顶压架或突水溃沙事故，从而为超大采高综采技术的采场顶板安全管理、架前顶板控制、煤壁片帮防治和工作面快速协调推进带来了一系列问题。

(a) 顶板超前破断　　　　　(b) 顶板切煤壁破断　　　　(c) 大采高工作面压架事故

图1-1　大采高工作面围岩灾害示意图及现场压架事故

1.1 大采高工作面煤壁片帮机理

煤壁片帮是制约大采高工作面安全高效集约开采最棘手的技术难题，煤壁破坏机理的研究方法可以归纳为 4 种，即极限平衡分析法、极限分析定理、压杆稳定分析模型、随机分析法，其中极限平衡分析法是研究煤壁破坏机理最基本、最常用的方法：王家臣等[4-6]认为煤壁破坏主要表现为剪切破坏（软煤）和拉裂破坏（脆性硬煤），建立了煤壁平面剪切滑动破坏模型，采用安全余量法分析了极软厚煤层煤壁剪切破坏的判定准则。袁永等[7]根据煤壁空间楔形体片落形态构建了煤壁三维楔体滑动模型。李晓坡等[8]、殷帅峰等[9]分别采用 Bishop 法和 Janbu 法构建了软弱煤壁圆弧形剪切滑移片帮模型。

关于煤壁破坏机理的理论研究已经比较成熟，本书拟从能量法的角度出发，进一步丰富和完善煤壁片帮机理的理论研究。

1.2 采场系统刚度体系

钱鸣高等[10]、刘长友等[11-13]认为在工作面铅直方向上存在着"直接顶-液压支架-直接底"支架-围岩系统刚度关系，讨论了支架刚度和直接顶刚度的比值对液压支架工作状态和承载状态的影响。王国法等[14-15]提出了液压支架与采场围岩之间的刚度耦合、强度耦合、稳定性耦合关系，认为当顶板-支架-底板系统具有足够刚度时，可以将基本顶破断位置延迟至工作面后方，进而将矿山压力甩入采空区，从而减小顶板下沉和煤壁破坏。徐刚[16]认为支架工作阻力是描述支架工况的瞬时性指标，而支架刚度是描述支架-围岩稳定性的永久性指标。通过实验室对液压支架刚度进行测试，推测目前支架的线刚度区间为 $100\sim600$kN/m，刚度区间为 $10\sim80$MPa/m，支架工作阻力越大，其刚度也越大；提高支架刚度，有利于抑制顶板下沉。王家臣教授[17]认为在工作面推进方向上，同样存在"采空区-液压支架-工作面煤壁"采场系统刚度关系，研究水平方向上的采场系统刚度（特别是液压支架刚度）对工作面煤壁的稳定性具有重要意义。

在采场系统刚度体系中，采空区刚度和液压支架刚度对采场围岩稳定性同样有重要意义，本书拟通过数值模拟和模型试验研究采场系统刚度的变化对煤壁破坏及采场稳定性的影响规律。

1.3 支架与围岩耦合关系理论

支架与围岩相互作用机制的研究思路可以归纳为两类：顶板压力平衡理论和顶板位移控制理论。Wilson[18]提出的 detached block model 属于前者，认为支架须提供足够的阻力支撑自由岩块的净重，维持支架与顶板的静力平衡；Smart[19]提出的"煤层-支架-采空区"等效系统刚度模型更接近后者，认为支架的作用是控制顶板下沉，支架增阻是顶板下沉的力学响应。然而，这两个模型尚未考虑到支架阻力完全无法平衡覆岩质量，也不能控制顶板的一部分弹性变形。此后，刘长友等[13]根据"直接顶-支架-直接底"系统刚度模型分析了支架的"给定变形"和"给定载荷"两种工况；Barczak[20]、Medhurst[21]、Prusek[22]等采用隧道支护中的"收敛-约束"曲线研究采场及巷道中支架-围岩的作用关系；王国法等[14-15]讨论了支架与围岩的强度耦合、刚度耦合和稳定性耦合及采场系统刚度对基本顶断裂位置的影响。这些模型属于压力平衡和位移控制两种研究思路的结合，强调了支架对顶板压力及围岩变形的适应性而非控制作用。

　　液压支架是采场围岩稳定性控制的核心及支架-围岩相互耦合机制的关键。研究采场围岩控制及支架与围岩相互作用关系，有必要了解液压支架伸缩式两级液压缸立柱的活动规律及其与围岩收敛变形的耦合机制。

1.4　采场稳定性三维模型试验

　　针对煤壁片帮和围岩稳定性的物理相似模拟试验研究较为少见。郭卫彬[23]通过二维平面物理模型研究了支架位态、初撑力、煤体裂隙等因素对煤壁稳定性的影响。然而二维相似模拟试验的几何相似比相对较小，对研究和观测煤壁破坏形态及裂隙发展过程较为困难，孔德中等[24]开发了一种工作面煤壁稳定性三维相似模拟试验平台，增加了模型中工作面的尺寸，便于观测煤壁的变形过程和破坏特征，并采用该试验平台研究了不同采高、支架阻力、煤体强度条件下的煤壁破坏情况及煤壁片帮发生时的临界顶板压力。伍永平等[25]发明了受力相似模型支架，娄金福[26]、杨培举[27]、郭卫彬[23]利用模型支架研究了支架结构和位态对端面冒顶的影响。

　　支架工作阻力曲线可以归纳为 4 种基本形式[28]：额定阻力充足且初撑力合理、额定阻力不足、初撑力过高、初撑力过低。在相似模拟试验中，应结合伸缩式两级液压缸立柱的活动规律和支架与围岩耦合关系，完整地模拟出模型支架的初撑、增阻、恒阻、屈服、降阻等工况特征。

第2章　大采高工作面煤壁破坏机理研究

本章建立了煤壁稳定性力学模型，确定了上覆岩层对煤壁的载荷、煤壁等效集中力、煤壁等效弯矩、护帮板载荷、护帮板长度等为工作面煤壁破坏的外在影响因素，煤体内聚力、煤体内摩擦角为工作面煤壁破坏的内在影响因素。采用能量原理中基于位移变分原理的 Ritz 法求解了工作面煤体内的应力场和位移场，根据莫尔-库仑屈服准则定义了工作面前方煤体稳定性系数，结合煤壁稳定性力学模型和煤体稳定性系数，进行了煤壁破坏因素分析。

2.1　基于 Ritz 法的煤壁破坏机理研究

由于大采高工作面的开挖打破了原始的地应力平衡状态，使采场周围应力重新分布，工作面前方产生应力集中，导致煤壁和围岩容易发生破坏失稳。图 2-1 给出了工作面推进过程中基本顶的破断形态：工作面正常推进阶段，直接顶、基本顶及一部分随动岩层对煤壁和支架施加压力；周期来压期间，基本顶发生周期性破断和回转，对工作面形成冲击作用，进一步加剧了煤壁和支架所承受的压力。大量现场实测也证明，基本顶周期来压期间是煤壁片帮的高发期。因此，上覆岩层对煤壁的载荷及基本顶破断回转对煤壁的冲击作用是煤壁发生破坏的根本原因。

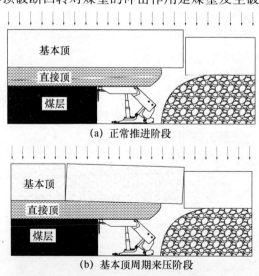

(a) 正常推进阶段

(b) 基本顶周期来压阶段

图 2-1　基本顶周期来压破断形态

在"顶板-支架-煤壁"系统中，顶底板及液压支架对煤壁的作用力是影响煤壁稳定性的外在影响因素，煤体内聚力、内摩擦角是煤壁稳定性的内在影响因素。在内、外影响因素的共同作用下，煤壁的破坏失稳分为两个阶段：结构失稳和功能失稳。第一阶段，当顶板压力超过煤体的极限强度时，煤体屈服并产生塑性变形，工作面超前支承压力前移，煤壁前方出现一定范围的塑性区，但工作面煤壁仍保持结构完整性，并能够保证既定的生产工作不受影响，此时称工作面煤壁发生了结构失稳；第二阶段，已发生结构失稳的工作面煤壁在顶板压力作用下，进一步发展为宏观片落，影响工作面正常推进甚至停产，此时称工作面煤壁发生了功能失稳。工作面煤壁发生结构失稳后，并没有影响工作面的正常生产，但煤壁发生功能失稳后，工作面推进困难，生产受到影响。因此，工作面煤壁片帮防治的重点为减缓结构失稳、控制功能失稳。

2.1.1 煤壁稳定性力学模型

如前所述，以往学者研究煤壁破坏机理时多采用极限平衡分析法，根据莫尔-库仑准则，定义煤壁安全系数，并进行煤壁破坏影响因素分析。这里采用能量原理中基于位移变分原理的 Ritz 法，建立煤壁稳定性力学模型，求解工作面前方煤体的应变能和外力势能，分析其应力场和位移场，研究工作面煤壁的稳定性。

根据图 2-1 （b） 中基本顶周期来压期间的"顶板-支架-煤壁"系统模型，选取工作面前方长度为 L 的煤体作为研究对象，建立如图 2-2 所示的煤壁稳定性力学模型。该模型可视为平面应变问题，模型的底部和左侧视为固定边界，其中 τ 为顶板作用在煤层上的剪应力；q 为顶板作用在煤层上的载荷，这里称为顶板载荷；P 为煤壁所承受的等效集中力，即基本顶悬露部分与液压支架对煤壁的作用力；M 为煤壁所承受的等效弯矩，即基本顶悬露部分与液压支架对煤壁的弯矩作用，称为煤壁等效弯矩；q_0 为支架护帮板对煤壁的作用力；H 为采高；h 为护帮板底部到煤层底板的高度。

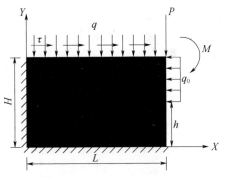

图 2-2 煤壁稳定性力学模型

（1）工作面煤体应变能

首先求解工作面煤体内的应变能。根据煤壁稳定性力学模型的位移边界条件，模型固定边的位移边界条件满足 $(u_x)_{x=0}=0$、$(u_y)_{x=0}=0$，$(u_x)_{y=0}=0$，$(u_y)_{y=0}=0$，可设位移分量分别为

$$u_x = xy\,(A_1 + A_2 x + A_3 y + \cdots)$$

$$u_y = xy\,(B_1 + B_2 x + B_3 y + \cdots)$$

（2.1）

式中，u_x 为煤体的水平位移（m）；u_y 为煤体的垂直位移（m）；A_i（$i=1$，2，

3，…）、B_i（$i=1$，2，3，…）分别为互不依赖的位移待定系数。

在顶底板及支架等外力作用下，储存于煤壁中的弹性应变能 U 可表示为

$$U = \iint \frac{1}{2}(\sigma_x \varepsilon_x + \sigma_y \varepsilon_y + \tau_{xy}\gamma_{xy})\mathrm{d}x\mathrm{d}y \tag{2.2}$$

根据几何方程，煤体的正应变和剪应变可表示为

$$\varepsilon_x = \frac{\partial u_x}{\partial x}$$

$$\varepsilon_y = \frac{\partial u_y}{\partial y} \tag{2.3}$$

$$\gamma_{xy} = \frac{\partial u_x}{\partial y} + \frac{\partial u_y}{\partial x}$$

根据本构方程，可得煤体内的水平应力、垂直应力和剪应力：

$$\sigma_x = \frac{E}{1-\nu^2}(\varepsilon_x + \nu\varepsilon_y)$$

$$\sigma_y = \frac{E}{1-\nu^2}(\nu\varepsilon_x + \varepsilon_y) \tag{2.4}$$

$$\tau_{xy} = \frac{E}{2(1+\nu)}\gamma_{xy}$$

式中，E 为煤体的弹性模量（MPa）；ν 为煤体的泊松比。

为方便计算，式（2.1）中水平位移、垂直位移方程均取待定系数的前三项，并代入式（2.3）和式（2.4），则几何方程和本构方程可表示为

$$\varepsilon_x = y(A_1 + 2A_2x + A_3y) = Jy$$
$$\varepsilon_y = x(B_1 + B_2x + 2B_3y) = Kx \tag{2.5}$$
$$\gamma_{xy} = x(A_1 + A_2x + 2A_3y) + y(B_1 + 2B_2x + B_3y) = Rx + Sy$$

$$\sigma_x = \frac{E}{1-\nu^2}(Jy + \nu Kx)$$

$$\sigma_y = \frac{E}{1-\nu^2}(\nu Jy + Kx) \tag{2.6}$$

$$\tau_{xy} = \frac{E}{2(1+\nu)}(Rx + Sy)$$

式中，J、K、R、S 为关于位移待定系数 A_1、A_2、A_3、B_1、B_2、B_3 的参数函数。

将式（2.5）和式（2.6）代入式（2.2），得到由 J、K、R、S 表示的应变能表达式：

$$U = \frac{E}{2(1-\nu^2)}\int_0^H\int_0^L \left(\frac{1-\nu}{2}R^2 + K^2\right)x^2 +$$

$$\left(J^2 + \frac{1-\nu}{2}S^2\right)y^2 + [2\nu JK + (1-\nu)RS]xy\mathrm{d}x\mathrm{d}y \tag{2.7}$$

式中，E 为煤体弹性模量（MPa）；ν 为煤体泊松比。

为简化应变能表达式，令 $m = E/(2-2\nu^2)$、$n = (1-\nu)/2$，则应变能表达

式可简化为

$$U = m \int_0^H \int_0^L (nR^2 + K^2)x^2 + (J^2 + nS^2)y^2 + 2(\nu JK + nRS)xy \, \mathrm{d}x\mathrm{d}y \quad (2.8)$$

（2）工作面煤体的外力势能

在煤壁稳定性力学模型中，顶底板及支架作用于煤壁的外力为顶板载荷 q、顶板对煤层的剪应力 τ、支架护帮板载荷 q_0、煤壁等效集中力 P 及煤壁等效弯矩 M。根据最小势能原理，假设外力的大小和方向始终不变，只是作用点随着研究对象发生移动，则工作面煤体的外力势能可表示为

$$V = -\int_{S_\sigma} (\overline{T}_x u_x + \overline{T}_y u_y + \overline{T}_z u_z) \mathrm{d}x\mathrm{d}y \quad (2.9)$$

式中，$\overline{T}_x$、$\overline{T}_y$、$\overline{T}_z$ 分别为煤壁外力在 x、y、z 三个方向上的分力。

在煤壁稳定性力学模型中，模型的力边界条件可表示为

$$
\begin{aligned}
& (T_x)_{x=L} = -q_0, \quad (T_y)_{x=L} = 0 \\
& (T_x)_{y=H} = \tau, \quad (T_y)_{y=H} = -q \\
& (T_x)_{x=L,y=H} = -P \\
& (M)_{x=L,y=H} = -M
\end{aligned}
\quad (2.10)
$$

煤壁的位移边界条件可表示为

$$
\begin{aligned}
& (u_x)_{x=L} = Ly \ (A_1 + A_2 L + A_3 y) \\
& (u_x)_{y=H} = Hx \ (A_1 + A_2 x + A_3 H) \\
& (u_y)_{x=L,y=H} = HL \ (B_1 + B_2 L + B_3 H)
\end{aligned}
\quad (2.11)
$$

将工作面煤壁的力边界条件和位移边界条件代入式（2.9），得到外力对煤壁所做的外力势能为

$$
\begin{aligned}
V = & -\int_0^L -qHx(B_1 + B_2 x + B_3 H)\mathrm{d}x - \\
& \int_0^L \tau Hx(A_1 + A_2 x + A_3 H)\mathrm{d}x - \int_h^H -q_0 Ly(A_1 + A_2 L + A_3 y)\mathrm{d}y + \\
& PLH(B_1 + B_2 L + B_3 H) + MH(B_1 + B_2 L + B_3 H)
\end{aligned}
\quad (2.12)
$$

煤壁稳定性力学模型的总势能 Π 即为应变能 U 和外力势能 V 之和：

$$\Pi = U + V = \Pi \ (A_k, B_k) \quad (2.13)$$

式中，A_k、B_k 是位移待定系数，$k = 1$、2、3。

根据式（2.13）可知，煤壁的总势能是关于位移待定系数 A_k、B_k 的函数。由变分原理可知，在所有满足式（2.1）的煤壁位移假设中，当总势能 Π 取驻值时的位移即为煤体的真实位移，因此令总势能 Π 的变分为 0，即

$$\delta_\Pi = \sum_{k=1}^3 \left(\frac{\partial \Pi}{\partial A_k} \delta A_k + \frac{\partial \Pi}{\partial B_k} \delta B_k \right) = 0 \quad (2.14)$$

由于 A_k、B_k 是相互独立的，因此总势能 Π 对位移待定系数 A_k、B_k 的变分均为 0，即

$$\frac{\partial \Pi}{\partial A_k}=0$$

$$\frac{\partial \Pi}{\partial B_k}=0 \qquad (2.15)$$

或

$$\frac{\partial U}{\partial A_k}=-\frac{\partial V}{\partial A_k}$$

$$\frac{\partial U}{\partial B_k}=-\frac{\partial V}{\partial B_k} \qquad (2.16)$$

联立式（2.16）中的两个式子，组成关于 A_k、B_k 的六元一次方程组，并以向量形式表示：

$$D \cdot X = Q \qquad (2.17)$$

式中，X 为 A_k、B_k 所组成的位移待定系数，为 6×1 的列向量，记为 $X=（A_1,$ $A_2, A_3, B_1, B_2, B_3）^T$；$D$ 为应变能 U 对 A_k、B_k 偏微分后关于 A_k、B_k 的系数矩阵，为 6×6 的对称矩阵；Q 为外力势能 V 对 A_k、B_k 偏微分后不含 A_k、B_k 的常数项矩阵，为 6×1 的列向量。

在一定的位移边界和力边界条件下，煤壁稳定性力学模型存在唯一的位移场和应力场解析解，使煤壁处于平衡状态，即式（2.17）存在唯一解，对称矩阵 D 的行列式 $\overline{D} \neq 0$，因此可求得位移待定系数为

$$A_1=\frac{\overline{D_1}}{\overline{D}}, \ A_2=\frac{\overline{D_2}}{\overline{D}}, \ A_3=\frac{\overline{D_3}}{\overline{D}}, \ B_1=\frac{\overline{D_4}}{\overline{D}}, \ B_2=\frac{\overline{D_5}}{\overline{D}}, \ B_3=\frac{\overline{D_6}}{\overline{D}} \qquad (2.18)$$

式中，$\overline{D_1}$ 为用列向量 Q 置换行列式 $\overline{D}$ 中第 1 列所得到的行列式，以此类推，即可得到位移待定系数 A_k、B_k 的解析式。

将式（2.18）代入式（2.1），即得到煤壁水平位移、垂直位移的表达式；代入几何方程式（2.3）和本构方程式（2.4），即可得到煤壁受力模型的应变和应力表达式。由于根据 Ritz 法所求得的位移待定系数解析式较为复杂，这里不再给出位移、应力的具体的表达式，仅给出由 MATLAB 求得的计算结果。

2.1.2 工作面煤体的位移场和应力场

为求解工作面前方煤体的位移场和应力场，这里取煤体的力学参数为煤体弹性模量 $E=30\text{MPa}$，泊松比 $\nu=0.35$，内聚力 $C=1\text{MPa}$，内摩擦角 $\varphi=36°$，煤体外力作用为护帮板护帮载荷 $q_0=0.1\text{MPa}$，作用于煤层上方的顶板载荷 $q=0.8\text{MPa}$，剪应力为 $\tau=0.4\text{MPa}$，煤壁等效集中力 $P=2000\text{kN}$，煤壁等效力矩 $M=10000\text{kN} \cdot \text{m}$。模型尺寸参数为煤壁前方煤体 $L=10\text{m}$，煤层厚度 $H=6\text{m}$，护帮板高度 $l=3\text{m}$。

在上述煤壁稳定性力学模型基础参数条件下，根据 Ritz 法求得的工作面前方煤体的水平位移、垂直位移分布云图如图 2-3 所示。图 2-3 与图 2-2 煤壁稳定性力学

模型相对应，纵坐标为煤壁高度，横坐标为距模型原点距离，$x=10$m 处为煤壁。不难看出，离工作面煤壁越近，煤体变形量越大；在工作面煤壁上部，煤壁的水平位移和垂直位移均达到最大值，即煤壁上部为最容易发生煤壁片帮的部位，与现场观测相一致，其中水平位移最大值为 47.25cm，垂直位移最大值为 61.57cm。

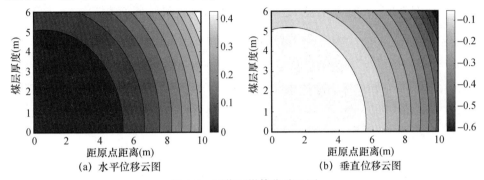

(a) 水平位移云图　　　　　　　(b) 垂直位移云图

图 2-3　工作面煤体位移云图

莫尔圆上任意一点的应力状态与最大、最小主应力的转换关系式为

$$\begin{cases} \sigma_1 \\ \sigma_3 \end{cases} = \frac{\sigma_x - \sigma_y}{2} \pm \sqrt{\left(\frac{\sigma_x + \sigma_y}{2}\right)^2 + \tau_{xy}^2} \qquad (2.19)$$

将采用 Ritz 法所求的煤壁水平应力 σ_x、垂直应力 σ_y、剪应力 τ_{xy} 代入式（2.19），即可求得工作面前方煤体内的主应力分布规律，如图 2-4 所示。图中坐标与图 2-2 煤壁稳定性力学模型相对应，即 $x=10$m 处为煤壁位置。可以看出，工作面煤体内最大主应力以拉应力为主，最大值出现在煤壁上部；最小主应力表现为压应力，其绝对值最大值出现在煤壁上部。因此煤壁上方在最大、最小主应力的作用下，容易引起拉剪破坏和压剪破坏。

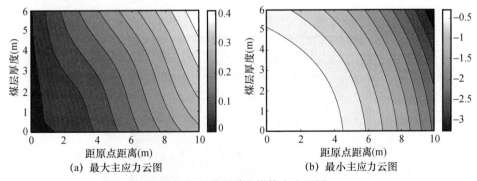

(a) 最大主应力云图　　　　　　(b) 最小主应力云图

图 2-4　工作面前方煤体应力云图

2.1.3　工作面前方煤体稳定性系数

莫尔-库仑准则是最常用的强度准则，式（2.20）给出了用主应力表示的莫尔-库

仑屈服条件。这里根据莫尔-库仑屈服条件定义工作面前方煤体稳定性系数 k，即工作面前方煤体内某一点的应力状态在应力空间中描绘的应力圆的圆心到煤体强度曲线的垂直距离与应力圆半径之差，如图 2-5 所示。当强度曲线与莫尔圆相离即 $k>0$ 时，煤壁处于弹性状态；当强度曲线与莫尔圆相切即 $k=0$ 时，煤壁处于极限平衡状态；当强度曲线同莫尔圆相割即 $k<0$ 时，煤壁处于破坏状态。

$$k=-\frac{1}{2}(\sigma_1-\sigma_3)-\frac{1}{2}(\sigma_1+\sigma_3)\sin\varphi+C\cos\varphi \qquad (2.20)$$

式中，σ_1、σ_3 分别为煤体中的最大主应力和最小主应力（MPa）；C 为煤体的内聚力（MPa）；φ 为煤体内摩擦角（°）。

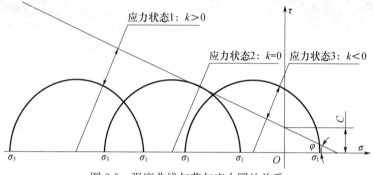

图 2-5　强度曲线与莫尔应力圆的关系

将式（2.19）代入式（2.20），并代入煤体稳定性力学模型的基础参数，即可求得工作面前方煤体的稳定性系数 k 的分布云图，如图 2-6 所示。图中煤体稳定性系数 $k=0$ 的等值线表示煤体处于极限平衡状态；$k>0$ 的区域表示煤体处于稳定状态；$k<0$ 的区域表示煤体处于破坏状态。不难看出，图 2-6 所描绘的工作面煤壁破坏形态为整体片帮形式，其中煤壁上部破坏深度大，破坏深度为 1.9m 左右；煤壁中、下部破坏深度小，破坏深度为 0.5m 左右。

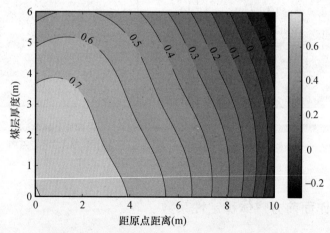

图 2-6　工作面前方煤体稳定性系数分布云图

2.1.4　工作面煤壁破坏形态

在大采高工作面开采实践过程中，大量的现场观测表明，工作面煤壁片帮的形态主要有三种：煤壁上部片帮、上部和下部同时片帮、煤壁整体片帮。

图 2-7 给出了不同煤体强度参数及外力作用条件下的工作面前方煤体稳定性系数 k 的分布规律。可以看出，煤体稳定性系数 k 能够较好地描绘出工作面煤壁破坏形态。以 $k=0$ 的等值线作为完整煤体与破坏煤体的分界线，在一定的煤体强度参数及外力作用下，$k=0$ 的煤体稳定性系数等值线与煤层顶部和煤壁斜交，工作面煤壁表现为上部破坏，如图 2-7（a）所示；随着煤体强度参数及外力作用的变化，$k=0$ 的等值线与煤层顶部、底部相交，且与煤壁相切，工作面煤壁表现为上部和下部同时破坏，如图 2-7（b）所示；当 $k=0$ 的等值线与煤层顶部、底部相交，且与煤壁相离时，工作面煤壁破坏形态表现为整体破坏，如图 2-7（c）所示。因此，通过工作面前方煤体稳定性系数 k 所描绘的煤壁破坏形态与现场实际具有较高的吻合度。

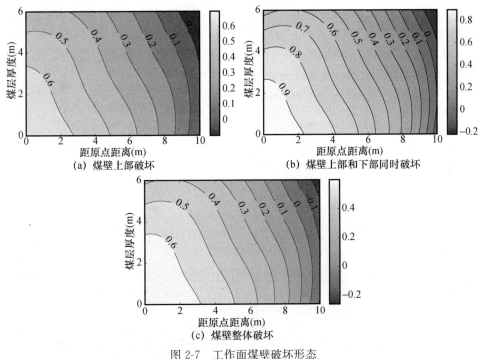

图 2-7　工作面煤壁破坏形态

2.2　煤壁破坏影响因素分析

如前所述，煤体外力作用及煤体力学性质分别是工作面煤壁发生片帮破坏的外在影响因素和内在影响因素。根据煤壁稳定性力学模型，这里认为顶板对煤壁

的载荷 q、煤壁等效集中力 P、煤壁等效弯矩 M、支架护帮板载荷 q_0、护帮板高度 l、煤体内聚力 C、内摩擦角 φ 为影响煤壁稳定性的主要因素。对以上各影响因素进行敏感度分析时，在模型基础参数条件下，分别改变各影响因素的取值范围，分析和研究各影响因素对煤壁稳定性的影响。

2.2.1 煤壁破坏外在影响因素

煤壁片帮的外在影响因素主要为顶板对煤壁的载荷 q、煤壁等效集中力 P、煤壁等效弯矩 M、支架护帮板载荷 q_0、护帮板高度 l 等。这里以煤壁水平位移、煤体破坏面积作为煤壁稳定性的评价指标，其中煤壁破坏面积可以通过对煤体稳定性系数 $k=0$ 时的曲线方程进行积分求得。

（1）顶板载荷 q

不同顶板载荷作用下，工作面高度方向上的煤壁水平位移变化规律如图 2-8 所示。可以看出，随着煤壁上方顶板载荷的增加，工作面煤壁的水平位移也随之增加；工作面煤壁呈现出上部水平位移大、下部水平位移小的规律；煤壁最大水平位移出现在工作面煤壁上部。当顶板载荷从 0.2MPa 增大到 1.0MPa 时，煤壁最大水平位移从 41cm 增加到 48cm 左右，对应地，煤壁下部水平位移从 27cm 增加到 33cm 左右，水平位移增幅为 6～7cm。

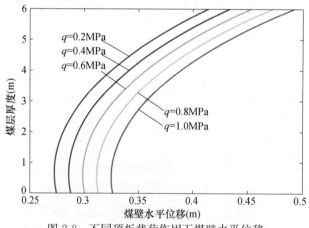

图 2-8　不同顶板载荷作用下煤壁水平位移

不同顶板载荷作用下，工作面煤体的破坏面积变化规律如图 2-9 所示。工作面煤体破坏面积与顶板载荷呈非线性正相关。当煤壁承受顶板载荷 q 为 0.2MPa 时，煤体破坏面积接近于 0，工作面煤体不容易发生大面积片帮事故；当顶板载荷增大到 1MPa 时，煤体破坏面积增加到 6m² 左右。因此，随着顶板载荷的增加，$k=0$ 的煤体稳定性系数等值线向远离煤壁的方向移动，煤体破坏面积增大，煤壁破坏高度和破坏深度同时增加，工作面煤体发生大面积、大块度片帮事故的概率增加。

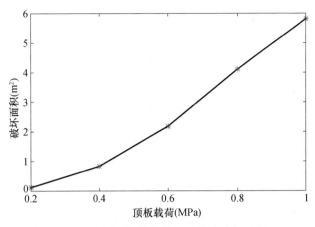

图 2-9　不同顶板载荷作用下煤壁破坏面积

（2）煤壁等效集中力 P

不同煤壁等效集中力作用下，工作面高度方向上煤壁的水平位移变化规律如图 2-10 所示。可以看出，随着煤壁等效集中力的增加，煤壁水平位移也逐渐增加。当煤壁等效集中力为 0 即液压支架的工作阻力能够平衡直接顶及基本顶的作用力时，煤壁的水平位移较小，其中煤壁上部最大水平位移为 33cm 左右，煤壁下部水平位移为 22cm 左右；当煤壁等效集中力增大到 4MN 即液压支架仅能平衡很小一部分上覆岩层质量时，煤壁的水平位移显著增大，其中煤壁上部最大水平位移增大到 62cm 左右，增幅达到 30cm；煤壁下部水平位移也增大到 42cm 左右，增幅达到 20cm。

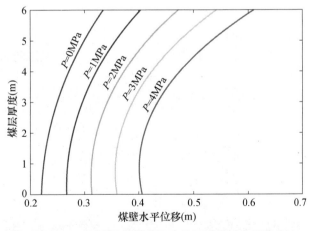

图 2-10　不同煤壁等效集中力作用下煤壁水平位移

不同煤壁等效集中力作用下的工作面煤体破坏面积如图 2-11 所示。同样，工作面前方煤体破坏面积与煤壁等效集中力呈非线性正相关。当煤壁等效集中力为 0 即液压支架工作阻力较大时，煤体破坏面积接近 0，工作面煤壁稳定性较好；当煤壁等效集中力增加到 4MN 即液压支架工作阻力较小时，煤体破坏面积增长较为明显，超过了 $10m^2$，煤壁稳定性较差，易出现大面积煤壁片帮事故。因此，煤壁等效集中力对工作面煤壁水平位移、工作面前方煤体破坏面积具有较大影响。

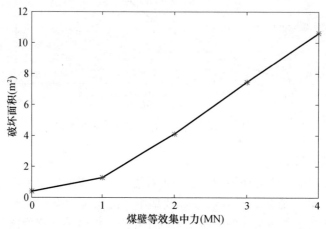

图 2-11　不同煤壁等效集中力作用下煤壁破坏面积

（3）煤壁等效弯矩 M

不同煤壁等效弯矩作用下煤壁的水平位移变化规律如图 2-12 所示。随着煤壁等效弯矩的增加，煤壁水平位移逐渐增加。当煤壁等效弯矩为 0 即液压支架工作阻力足以平衡顶板对煤壁的弯矩作用时，煤壁的水平位移最小，其中煤壁上部最大水平位移为 41cm 左右，煤壁下部水平位移为 27cm 左右；当煤壁等效弯矩增大到 20MN·m 时，煤壁的水平位移增长较为明显，其中煤壁上部最大水平位移为 54cm 左右，增幅达到 13cm；煤壁下部水平位移为 36cm 左右，增幅达到 9cm。

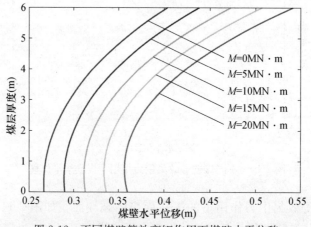

图 2-12　不同煤壁等效弯矩作用下煤壁水平位移

不同煤壁等效弯矩作用下工作面前方煤体破坏面积变化规律如图 2-13 所示。随着煤壁等效弯矩的增大，煤体破坏面积也随之增大。当煤壁等效弯矩为 0 时，煤体破坏面积为 1m² 左右，煤壁稳定性较好；当煤壁等效弯矩增加到 20MN·m 时，煤体的破坏面积增加到 7.5m² 左右，此时煤壁出现大范围破坏的概率较大。因此，煤壁等效弯矩对煤壁水平位移和煤体破坏面积具有较明显的影响。

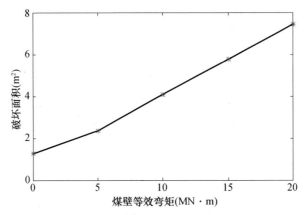

图 2-13　不同煤壁等效弯矩作用下煤壁破坏面积

（4）支架护帮板载荷 q_0

不同支架护帮板载荷作用下的煤壁水平位移如图 2-14 所示。随着支架护帮板载荷的增加，煤壁水平位移逐渐减小。当液压支架互帮板载荷为 0 即支架没有互帮板设施或护帮板未及时打开时，煤壁产生了较大的水平位移，此时上部煤壁的水平位移量为 50cm 左右，下部煤壁的水平位移为 33cm 左右；当支架护帮板对煤壁的载荷达到 0.2MPa 时，煤壁的水平位移一定程度上减小，其中煤壁上部水平位移减小到 45cm，煤壁下部水平位移为 29cm，水平位移减小幅度为 5cm 左右。

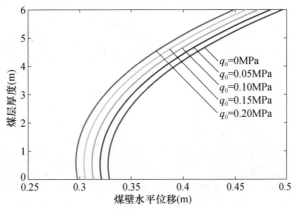

图 2-14　不同支架护帮板载荷作用下煤壁水平位移

　　不同支架护帮板载荷作用下煤体的破坏面积变化规律如图 2-15 所示。可以看出，煤体破坏面积同支架护帮板载荷呈负相关。当煤壁未受到护帮板的保护时，煤壁破坏面积达到 6.5m² 左右；当护帮板载荷达到 0.2MPa 时，煤壁破坏面积为 1.7m² 左右。因此，增加护帮板载荷，并在工作面推进过程中及时打开护帮板对煤壁进行保护，可以有效减小煤壁水平位移和煤体破坏面积。

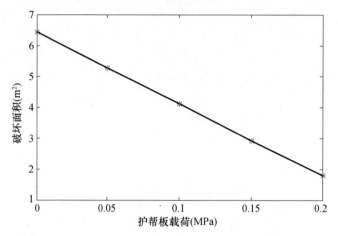

图 2-15　不同支架护帮板载荷作用下煤体破坏面积

（5）护帮板长度 l

　　不同支架护帮板长度下煤壁的水平位移变化曲线如图 2-16 所示。可以看出，随着护帮板长度的增加，工作面煤壁的水平位移呈现微弱的减小趋势，当护帮板长度从 1.5m 增加到 3.5m 时，煤壁上部的最大水平位移从 48cm 减小到 47cm，煤壁位移减小量仅为 1cm 左右。也就是说，护帮板长度对工作面煤壁水平位移的影响较弱。

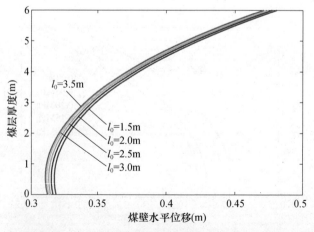

图 2-16　不同支架护帮板长度下煤壁水平位移

不同支架护帮板长度下工作面前方煤体的破坏面积变化规律如图 2-17 所示。同样，增大护帮板长度能在一定程度上减小工作面煤体破坏面积，然而其减小量非常有限。当护帮板长度从 1.5m 增加到 3.5m 时，煤体破坏面积从 4.9m² 减小到 4m² 左右，减小量为 0.9m²。因此，护帮板长度对煤壁破坏面积的影响也不敏感。

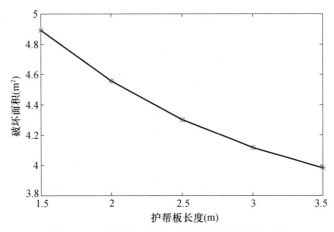

图 2-17　不同支架护帮板长度下煤体破坏面积

2.2.2　煤壁破坏内在影响因素

煤壁片帮的内在影响因素主要为煤体内聚力 C、煤体内摩擦角 φ。进行内在影响因素分析时，这里以工作面煤壁的稳定性系数、工作面前方煤体破坏面积作为工作面煤壁稳定性的评价指标。

（1）煤体内聚力 C

不同煤体内聚力条件下，工作面沿煤壁高度方向上煤壁稳定性系数 k 的变化规律如图 2-18 所示。不难看出，随着煤体内聚力的增大，工作面煤壁稳定性系数逐渐增大；当煤体内聚力较小（$C=0.6$、0.8MPa）时，沿着煤壁高度方向，煤壁稳定性系数从煤壁上部向煤壁下部逐渐增大，即煤壁上部发生片帮破坏的概率大于煤壁下部；当煤体内聚力较大（$C=1.0$、1.2、1.4MPa）时，煤壁稳定性系数由煤壁上部向煤壁下部呈现先增大后减小的变化趋势，即煤壁稳定性顺序为煤壁中部、煤壁下部、煤壁上部。当煤体内聚力达到 1.4MPa 时，整个煤壁高度上的稳定性系数均为正值，即煤壁处于弹性状态，工作面煤体稳定性较好，不容易发生煤壁片帮事故。

不同煤体内聚力条件下，工作面前方煤体的破坏面积变化规律如图 2-19 所示。随着煤体内聚力的增大，煤体破坏面积显著减小。当内聚力为 0.6MPa 时，煤壁破坏面积达到 18m² 左右，而当内聚力增大到 1.4MPa 时，煤壁处于弹性状态，$k=0$ 的煤壁稳定性系数等值线与边界所围成的煤体破坏面积为 0。因此，煤体内聚力对煤体稳定性系数及煤体破坏面积均有显著的影响。

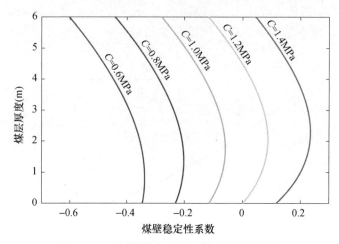

图 2-18 不同煤体内聚力下煤壁稳定性系数

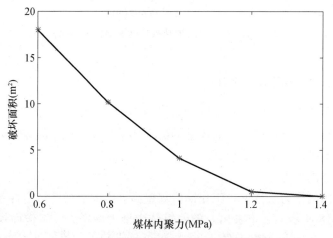

图 2-19 不同煤体内聚力下煤壁破坏面积

（2）煤体内摩擦角 φ

不同煤体内摩擦角条件下煤壁高度方向上的煤壁稳定性系数变化规律如图 2-20 所示。可以看出，工作面煤壁稳定性系数从煤壁上部向煤壁下部呈现先增大后减小的变化趋势，即煤壁中部相对较稳定。随着煤体内摩擦角的增大，煤壁破坏危险性系数也随之增大。当煤体内摩擦角从 27° 增大到 39° 时，煤壁上部危险性系数由 −0.38 增大到了 −0.25。

不同煤体内摩擦角条件下的煤体破坏面积变化规律如图 2-21 所示。可以看出，煤体破坏面积与煤体内摩擦角呈负相关，随着煤体内摩擦角的增大，煤体破坏面积逐渐减小。当煤体内摩擦角为 27°时，煤体破坏面积为 5.5m² 左右；当煤体内摩擦角增大到 39°时，煤体破坏面积减小到 3.7m² 左右，减小幅度为 1.8m² 左右。

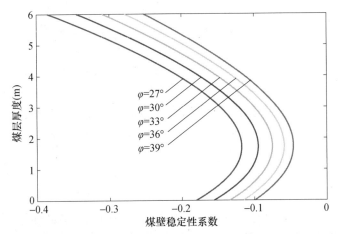

图 2-20　不同煤体内摩擦角下煤壁高度方向上的煤壁稳定性系数

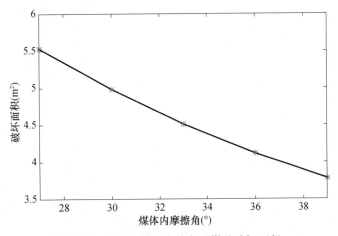

图 2-21　不同煤体内摩擦角下煤壁破坏面积

2.3　本章小结

以往煤壁破坏机理研究大多采用极限平衡分析法，假设煤壁沿工作面上部发生剪切破坏，计算片落煤体的下滑力和抗滑力，通过定义煤壁片帮安全系数，研究煤壁的稳定性，并对煤壁稳定性影响因素进行敏感度分析。本章基于"顶板-支架-煤壁"系统建立了煤壁稳定性力学模型，采用能量原理中基于位移变分原理的 Ritz 法对煤壁破坏机理进行了研究，在此基础上进行了煤壁稳定性影响因素分析。

（1）采用 Ritz 法计算了工作面煤体的应变能和外力势能，得到了工作面煤体内应力场和位移场的解析解。根据煤体内应力场和位移场的分布云图，得出了煤壁的最大位移和最大应力均出现在工作面煤壁上部，即为工作面煤壁最容易发生破坏的位置。

（2）定义了工作面前方煤体稳定性系数 k 为煤体内某点应力状态的莫尔应力圆圆心到煤体强度曲线的垂直距离与莫尔应力圆半径之差。结合 Ritz 法求得的工作面煤体应力场，得到了工作面前方煤体稳定性系数 k 的分布云图，较好地模拟出煤壁上部片帮、上部和下部同时片帮、煤壁整体片帮三种现场煤壁片帮形式。

（3）通过对煤壁稳定性的各影响因素进行分析，可以看出，增加护帮板作用力 q_0、增大护帮板长度 l_0、降低煤壁等效集中力 P、减小煤壁等效弯矩 M、缓解煤壁载荷 q 可以有效控制煤壁水平位移和煤体破坏面积，降低煤体发生片帮破坏的概率；增加煤体内聚力 C 和内摩擦角 φ，能够增大工作面煤壁稳定性系数、减小煤体破坏面积。其中，煤壁等效集中力、煤壁等效弯矩、煤壁内聚力、顶板载荷对煤壁破坏的影响较为显著，而护帮板长度对煤壁稳定性的控制作用较为有限。

第3章　基于采空区刚度动态演化的煤壁稳定性研究

工作面铅直方向和推进方向上都存在支架与围岩的采场系统刚度关系，对煤壁及围岩的稳定性具有重要意义。随着工作面的推进，回采工作面前后方支承压力的分布是一个动态演化的过程，其中采空区矸石对采场上覆岩层具有支撑作用，一定程度上能够缓解工作面实体煤和液压支架所承受的载荷。本章采用 PHASE 2D、FLAC 3D 数值软件建立了基于采空区刚度动态演化的数值模型，研究了不同采空区刚度、不同煤体地质强度指标 GSI、不同采高下工作面前后方支承压力的分布规律及其对工作面煤壁破坏区域的影响规律；分析了工作面倾斜方向上的煤壁破坏特征及已采工作面采空区对当前工作面的支承压力及煤壁稳定性的影响。

3.1　采场系统刚度及工作面前后支承压力分布规律

在铅直方向上，采场支架和围岩所组成的体系可视为由具有一定刚度的直接顶、液压支架、直接底所组成的系统刚度模型，如图 3-1 所示。图 3-1 中，K_r 为直接顶刚度，K_s 为液压支架刚度，K_f 为直接底刚度。采场的支架和围岩的系统刚度由直接顶、支架、直接底的变形共同决定，支架刚度和直接顶刚度的相对大小对液压支架的工作状态和承载状态具有重要影响。

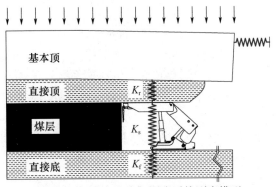

图 3-1　铅直方向支架围岩系统刚度模型

支架和围岩体系的刚度 K_v 可由式（3.1）决定：

$$\frac{1}{K_v} = \frac{1}{K_r} + \frac{1}{K_s} + \frac{1}{K_f} \tag{3.1}$$

王家臣教授认为，除了铅直方向上的支架与围岩系统刚度关系，还存在着工作面推进方向上的采场系统刚度，由工作面实体煤、液压支架、采空区冒落矸石组成，如图 3-2 所示。图 3-2 中，K_c 为工作面煤体刚度，K_s 为液压支架刚度，K_g 为采空区刚度。研究水平方向上的采场系统刚度及其对上覆岩层载荷的承载比例分配，对工作面煤壁及围岩稳定性具有重要意义。

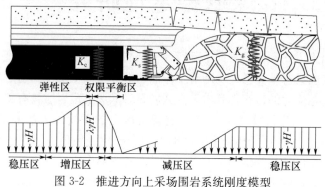

图 3-2 推进方向上采场围岩系统刚度模型

推进方向上，采场围岩的系统刚度 K_h 可由式（3.2）决定：

$$K_h = K_c + K_s + K_g \tag{3.2}$$

图 3-2 中，根据回采工作面沿推进方向的支承压力分布规律，可以将回采工作面前后方划分为不同的应力区域，工作面前方煤体可以分为极限平衡区和弹性区（或增压区和稳压区）；而工作面后方采空区可以分为减压区（应力降低区）和稳压区（应力不变区）。回采工作面前后方支承压力的分布规律是一个动态过程，随着工作面的推进，工作面前后方支承压力也不断向前移动。其中，极限平衡区内支承压力的分布与工作面煤壁破坏密切相关，根据弹性力学极限平衡理论，工作面前方塑性区的宽度 x_0 一般可以表示为

$$x_0 = \frac{M}{2\xi f} \ln \frac{K\gamma H + c\cot\varphi}{\xi (c\cot\varphi + F_x)} \tag{3.3}$$

式中，M 为工作面采高（m）；ξ 为三轴应力系数，$\xi = (1 + \sin\varphi) / (1 - \sin\varphi)$；$\varphi$ 为煤体内摩擦角（°）；f 为煤层与顶底板的摩擦系数；K 为支承压力集中系数；γ 为上覆岩层平均容重（N/m³）；H 为煤层埋藏深度（m）；c 为煤体内聚力（MPa）；F_x 为支架对煤壁的作用力（MPa）。

可以看出，工作面煤壁的塑性区宽度主要与工作面采高、煤体性质、煤层埋深、支承压力等因素有关。

3.2 工作面煤壁破坏的 PHASE 2D 数值模拟分析

PHASE 2D 是 RocScience 开发的一款强大的二维弹塑性有限元程序软件，可以用于解决采矿、岩土、土木工程中的工程问题，如地下硐室开挖与设计、支护设

计、地下水渗流、边坡稳定、可靠度分析等，其最主要的特点是可以简单并快速地建立和分析复杂多阶段的工程模型，例如软弱节理化岩层中的隧道、地下发电硐室、露天矿边坡、大坝路堤等工程的设计、开挖和支护，并计算分析其周围的应力场和位移场分布，破坏失效的动态演化过程，以及围岩-支架相互作用关系。

PHASE 2D 可以用较短的时间解决大型且复杂的采矿、岩土工程问题。将 PHASE 2D 用于长壁工作面煤壁片帮问题，可以研究工作面推进过程中的支承压力分布规律、覆岩移动规律、工作面破坏区域等的动态演化过程，分析工作面煤壁及顶底板的应力场、位移场的重新分布。

3.2.1　采空区刚度动态演化数值模型的建立

数值模拟以赵固二矿 11030 大采高综采工作面为工程背景，分别研究了不同采空区刚度、不同煤体 GSI、不同采高下工作面前方支承压力分布规律及煤壁塑性区发展规律。11030 大采高工作面倾斜长度为 161m，走向长度为 1600m，煤层厚度为 5.39～6.93m，煤层倾角为 2.8°～13.5°，平均倾角为 8.15°，工作面地面标高为+76～+79m，井下标高为−574.36～−636.96m。直接顶为泥岩、砂质泥岩，基本顶为大占砂岩、粉砂岩；直接底为砂质泥岩、泥岩，基本底为 L9 灰岩。煤体内生裂隙发育，部分裂隙被滑石、方解石充填，煤质坚硬。11030 大采高工作面煤壁片帮频繁，严重影响了工作面生产和矿井效益。

采用 PHASE 2D 建立的数值模型如图 3-3 所示。数值模型长 260m，高 57m，煤层开采高度定为 5m，煤层埋深 700m。为保证模型达到充分采动，工作面推进距离定为 200m，模型左右边界各留设 30m 宽的保护煤柱。为确保模型计算精度，煤层和直接顶的最小单元尺寸为 0.2m。模型左右边界限制垂直方向位移，下边界限制水平、垂直方向位移，上边界施加 17.5MPa 的垂直应力，模拟 700m 厚的岩层压力；水平方向施加 26.5MPa 的最大水平主应力和 19.0MPa 的最小水平主应力。

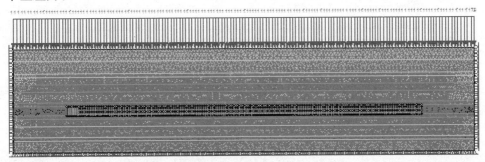

图 3-3　数值模拟模型

模型采用霍克-布朗强度准则。广义霍克-布朗强度准则基本方程如式（3.4）所示：

$$\sigma'_1 = \sigma'_3 + \sigma_{ci}\left(m_b \frac{\sigma'_3}{\sigma_{ci}} + s\right)^a \tag{3.4}$$

式中，σ'_1 为最大主（有效）应力（MPa）；σ'_3 为最小主（有效）应力（MPa）；σ'_{ci} 为完整岩块单轴抗压强度（MPa）；m_b、s、a 均为岩石材料参数，由以下公式给出：

$$m_b = m_i \exp\left(\frac{GSI - 100}{28 - 14D}\right) \tag{3.5}$$

$$s = \exp\left(\frac{GSI - 100}{9 - 3D}\right) \tag{3.6}$$

$$a = \frac{1}{2} + \frac{1}{6}\ (e^{-GSI/15} - e^{-20/3}) \tag{3.7}$$

式中，m_i 为完整岩块常数参量；GSI 为岩体地质强度指标；D 为岩体干扰因子，数值从 0～1 变化。

根据霍克-布朗强度准则所推荐的岩石材料参数，对各煤岩层的 m_i、GSI、D 等参数进行取值。本章采用图 3-4 所示的 RocLab 软件确定了数值模型中煤层及顶、底板岩层的霍克-布朗强度参数和变形参数。煤层及顶、底板岩石的霍克-布朗参数如表 3-1 所示。

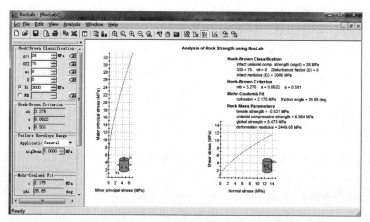

图 3-4　RocLab 软件计算岩石霍克-布朗强度参数

表 3-1　煤岩霍克-布朗强度参数

岩性	ν	σ_{ci}（MPa）	GSI	m_i	m_b	s	a	E_m（MPa）
细粒砂岩	0.19	90	90	15	10.495	0.3292	0.5	7189.63
粉砂岩	0.20	85	86	9	5.459	0.2111	0.5	6071.08
粗粒砂岩	0.18	100	88	15	9.772	0.264	0.5	8051.77
泥岩	0.28	28	80	12	5.874	0.1084	0.501	3521.39
煤	0.30	20	75	11	4.504	0.0622	0.501	2938.86
石灰岩	0.19	95	90	10	6.997	0.3292	0.5	8627.55

3.2.2　采空区刚度对煤壁破坏数值模拟的重要性

采空区刚度是水平方向上采场系统刚度关系的重要组成部分。从工作面推进方向看,上覆岩层的质量由"工作面煤壁-支架-采空区"所组成的支撑体系共同承担。事实上,上覆岩层的质量主要由工作面实体煤承担,若忽略了采空区对上覆岩层的支撑作用,将导致煤体和液压支架所承受的载荷偏大,工作面前方支承压力偏高。

随着工作面的不断推进,采空区内冒落矸石重复着"堆积-压实-承压"的循环过程,其变形压实和承载特性是一个复杂的岩石力学问题。采空区内冒落矸石能够在一定程度上缓解工作面煤壁及液压支架的压力,对采场围岩和工作面煤壁的应力分布及演化规律具有重要影响。因此,采空区刚度对覆岩的承载作用不容忽视,在进行数值模拟研究煤壁的稳定性时,必须考虑采空区刚度的影响。

为了验证采空区刚度在长壁工作面煤壁破坏数值研究中的重要性,我们分别建立了未处理采空区和处理采空区两个数值模型。当模型推进 150m 时,工作面前、后方支承压力分布特征如图 3-5 所示。不难看出,当数值模型未处理采空区时,工作面后方采空区内支承压力为 0,而工作面前方支承压力集中系数峰值接近 10,与现场实际相差较大;当数值模型处理采空区后,在工作面后方出现了明显的减压区和稳压区支承压力分布特征,而在工作面前方,支承压力增高系数峰值在 3 左右,与现场实际较为吻合。

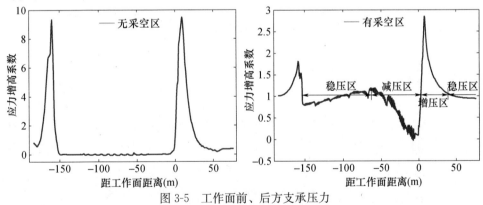

图 3-5　工作面前、后方支承压力

不同推进距离下,工作面前、后方支承压力分布特征如图 3-6 所示。从图 3-6 (a)可以看出,当模型未处理采空区时,随着工作面的推进,工作面后方支承压力为 0,工作面前方支承压力不断增大,支承压力影响范围不断加大;当模型处理采空区时,工作面后方出现完整减压和稳压区,且工作面前方支承压力并未一直增大。从图 3-6 (b) 可以看出,未处理采空区的情况下,工作面支承压力增高系数随工作面推进单调递增,模型完成开挖后,支承压力集中系数达到了 18 左右;而处理采空区后,支承压力增高系数随工作面推进先增大后稳定,模型完成开挖后,支承压力集中系数达到了 3 左右。

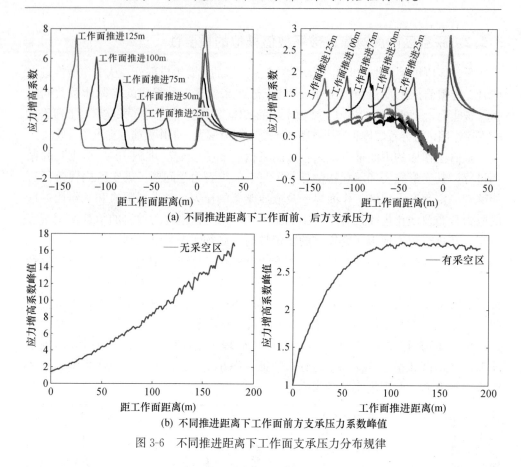

(a) 不同推进距离下工作面前、后方支承压力

(b) 不同推进距离下工作面前方支承压力系数峰值

图 3-6　不同推进距离下工作面支承压力分布规律

因此，在工作面推进方向上的采场系统刚度中，采空区刚度对覆岩的支撑作用能够缓解工作面煤壁超前支承压力。为了合理地模拟出工作面前、后方完整的增压区、减压区、稳压区支承压力分布规律，数值模型中必须考虑采空区刚度的影响，否则将造成工作面前方支承压力过高、煤壁破坏范围过大，与现场实际不一致。

3.2.3　不同采空区刚度下煤壁破坏情况

采空区矸石的变形特性和承载特性对工作面前后方采动应力具有显著影响，然而，由于采空区的不可接触性、不安全性及昂贵的测试费用，目前主要采用数值模拟方法研究采空区的承载变形特性及其对围岩应力场、位移场的影响。

根据工作面推进方向上的采场系统刚度关系，在数值模拟中须考虑采空区对顶板的支撑作用。采空区的模拟可以分为两种：一种是直接模拟。这种采空区模拟方法精确地模拟了顶板裂隙的产生和发展、顶板跨落、采空区形成并被压实的过程。另一种是间接模拟，仅从宏观上描述了采空区对工作面围岩、巷道的应力场和位移场的作用和影响。该方法虽然没有模拟采空区的形成过程，但准确地模拟了围岩和工作面的应力重新分布、覆岩的变形下沉等宏观效应。

这里尝试用第二种方法间接模拟采空区的宏观效应。由于缺少对采空区支承压力的实测数据，在数值模拟时经常使用采空区矸石的弹性模量来模拟采空区的变形特性。根据工作面后方采空区内减压区和稳压区的支承压力分布特征，采用具有不同变形参数的材料充填采空区，来模拟采空区内不同位置处矸石的刚度特征和承载特性。数值模型中采空区具有如下特点。

（1）采空区材料变形参数在工作面后方先增大后稳定，即靠近工作面位置的采空区变形参数较小，远离工作面位置的采空区变形参数较大，并最终趋于稳定。

（2）随着工作面的推进，工作面后方不同位置处附有不同变形参数的采空区材料也向前移动，即工作面后方某一位置处的采空区矸石材料变形参数在工作面推进过程中保持不变。

根据工作面推进过程中采空区减压区、稳压区动态演化特征，构建了表 3-2、表 3-3 所示的采空区模型。其中采空区 1 和采空区 2 的弹性模量和泊松比分别在工作面推进 150m、100m 后达到煤体的弹性模量和泊松比。

表 3-2　采空区 1 材料刚度特征

d_0（m）	0~15	16~35	36~60	61~85	86~110	111~130	131~150	>150
E	$0.01E_c$	$0.1E_c$	$0.35E_c$	$0.5E_c$	$0.65E_c$	$0.85E_c$	$0.95E_c$	E_c
ν	0.40	0.38	0.36	0.34	0.33	0.32	0.31	0.30

表 3-3　采空区 2 材料刚度特征

d_0（m）	0~10	11~20	21~35	36~55	56~75	76~90	91~100	>100
E	$0.03E_c$	$0.15E_c$	$0.4E_c$	$0.6E_c$	$0.75E_c$	$0.85E_c$	$0.95E_c$	E_c
ν	0.40	0.38	0.36	0.34	0.33	0.32	0.31	0.30

表中，d_0 为采空区内某点处距工作面煤壁的距离（m）；E 为采空区材料的弹性模量（MPa）；E_c 为煤体的弹性模量（MPa）；ν 为煤体泊松比。

图 3-7 给出了工作面前方应力集中系数峰值随工作面推进的变化规律。不难看出，采空区 1、2 模型的工作面前方应力集中系数峰值均表现出先增长、后稳定的变化规律。当工作面开切眼后，采空区 1、2 模型的支承压力系数均为 1.4 左右；随着工作面的推进，在工作面后方形成了采空区，由于采空区 1 的刚度相对较小，因此采空区 1 模型的工作面前方支承压力增长速率较快，而采空区 2 的支承压力增长较慢。当工作面推进 80m 左右时，采空区 1、2 模型的支承压力集中系数峰值均趋于平稳，此时认为模型达到稳定状态，采空区 1 的应力集中系数稳定在 2.86 左右，采空区 2 的应力集中系数稳定在 2.60 左右。

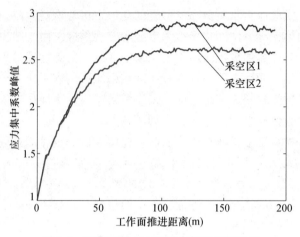

图 3-7　工作面前方支承压力集中系数峰值

　　当工作面前方支承压力达到稳定后，任选工作面推进 150m 时作为研究对象，做出了类似于图 3-2 的工作面前后方支承压力分布规律，如图 3-8 所示。相比于其他数值模型仅模拟和研究工作面前方的支承压力，本模型正确地模拟出了采空区的支承压力分布特征，即采空区内的支承压力具有明显的减压区和稳压区，如图 3-8（a）所示。由于采空区 1 的材料刚度较小，承载能力较弱，因此在采空区减压区内，采空区 1 模型的支承压力明显小于采空区 2；在稳压区内，采空区 1 和采空区 2 模型的支承压力基本相等。工作面前方支承压力也可以分为极限平衡区和弹性区，如图 3-8（b）所示。其中采空区 1 模型的支承压力集中系数峰值为 2.87，距工作面距离为 8.42m，采空区 2 模型的支承压力集中系数峰值为 2.60，距工作面距离距离为 7.57m。因此，当采空区具有较大的刚度（尤其是采空区早期刚度）时，能够承担更多的上覆岩层的质量，缓解工作面实体煤所承担的载荷，工作面前方支承压力降低，支承压力峰值距工作面距离缩短，支承压力影响范围减少。

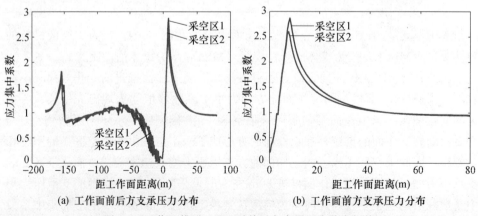

(a) 工作面前后方支承压力分布　　　　　(b) 工作面前方支承压力分布

图 3-8　工作面推进 150m 时前后方支承压力分布规律

工作面推进 150m 时，工作面前方煤体的位移场如图 3-9 所示。不难看出，工作面上部煤体位移较大，运动趋势为斜向下并朝向采空区；工作面下部煤体的位移较小，运动趋势为水平方向并朝向采空区。采空区 1 模型的工作面煤体最大位移为 0.41m，采空区 2 模型的工作面煤体最大位移为 0.32m。因此，当采空区早期刚度较低时，煤体位移较大，工作面发生煤壁片帮的危险性较高。

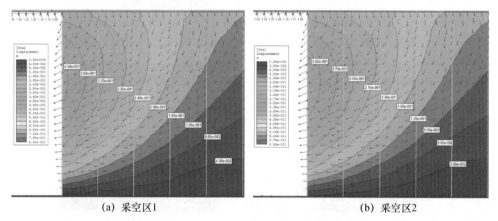

(a) 采空区1　　　　　　　　　　　　　(b) 采空区2

图 3-9　推进 150m 时工作面煤壁位移场

采空区 1 模型的工作面前方煤体塑性区演化规律如图 3-10 所示。工作面煤体的塑性区形状大致为上部宽下部窄，且随着工作面的推进，塑性区宽度不断增大，最终趋于稳定。当工作面开切眼后，工作面煤体的塑性区宽度为 4m 左右；当工作面推进 15m 后，煤壁塑性区的宽度增加到 5m 左右；当工作面推进 30m 后，煤壁塑性区的宽度为 6m 左右；当工作面推进 45m 后，煤体塑性区宽度为 7m 左右；当工作面推进 60m 以后，煤壁塑性区宽度达到 7.5m 左右；当工作面推进 75m 后，煤体塑性区宽度为 8m 左右；当工作面推进 90m 以后，煤壁塑性区宽度达到 8.5m 左右；随着工作面的继续推进，煤壁塑性区的宽度稳定在 8.5m 不再增长。同理，采空区 2 模型的煤壁塑性区宽度也随着工作面的推进而不断增加，并最终稳定在 7.8m 左右。

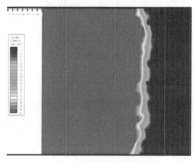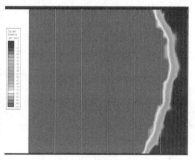

(a) 工作面开切眼　　　　　　　　　　(b) 工作面推进15m

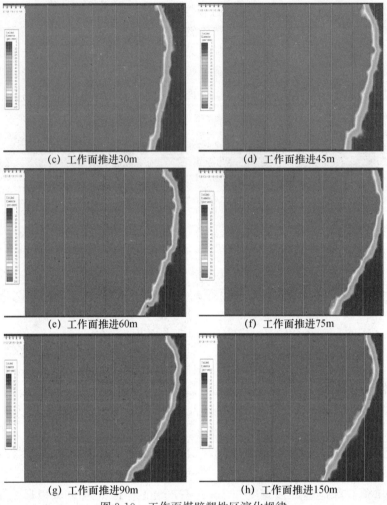

(c) 工作面推进30m   (d) 工作面推进45m

(e) 工作面推进60m   (f) 工作面推进75m

(g) 工作面推进90m   (h) 工作面推进150m

图 3-10　工作面煤壁塑性区演化规律

3.2.4　不同煤体 GSI 下煤壁破坏情况

在霍克-布朗强度准则中，GSI 是岩石材料的重要参数。随着煤体 GSI 的增大，对应的煤体内聚力、内摩擦角、弹性模量等参数均相应增大，如表 3-4 所示。这里研究不同 GSI 的煤体对工作面前方支承压力分布特征、工作面煤壁破坏的影响规律。

表 3-4　不同 GSI 下煤体力学参数

GSI	c（MPa）	φ（°）	E_{m}（MPa）
55	1.109	32.81	1469.81
65	1.314	35.74	2274.19
75	1.617	38.56	2938.86
85	2.136	41.12	3335.73

　　不同推进距离下，工作面前方支承压力集中系数峰值的变化规律如图 3-11 所示。随着工作面的推进，支承压力集中系数峰值逐渐增加。当工作面推进 80m 左右时，支承压力集中系数峰值开始稳定，即模型达到稳定状态。支承压力集中系数峰值与煤体的 GSI 参数关系密切，相同工作面推进距离下，随着煤体 GSI 参数的增大，支承压力集中系数峰值也随之增大，但其增长幅度逐渐变缓。当煤体 GSI 为 55 时，稳定后的支承压力集中系数峰值为 2.42 左右；当煤体 GSI 为 65 时，支承压力集中系数峰值为 2.55 左右；当煤体 GSI 为 75 时，支承压力集中系数峰值为 2.60 左右；当煤体 GSI 为 85 时，支承压力集中系数峰值为 2.64 左右。因此，当工作面煤体的 GSI 参数（强度参数和变形参数）较大时，工作面前方支承压力也相对较大。

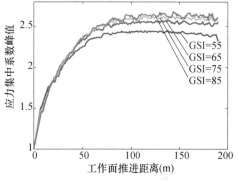

图 3-11　不同煤体 GSI 下工作面超前支承压力集中系数峰值

　　当工作面推进 150m 时，工作面前后方的支承压力分布规律如图 3-12 所示。图 3-12（a）只给出了 GSI＝85 和 55 时的工作面前后方支承压力分布规律，由于不同煤体 GSI 模型具有相同的采空区刚度，因此采空区的减压区、稳压区内支承压力大小基本相等；但在工作面前方，随着煤体 GSI 参数的增大，工作面支承压力峰值增大，但峰值距工作面煤壁的距离缩短，支承压力影响范围减小，如图 3-12（b）所示。

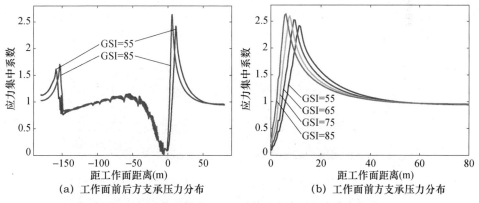

（a）工作面前后方支承压力分布　　　（b）工作面前方支承压力分布

图 3-12　工作面推进 150m 时前后方支承压力分布规律

　　煤体 GSI 对工作面前方支承压力及其影响范围的作用如图 3-13 所示。当 GSI＝55 时，支承压力系数峰值为 2.41，距工作面距离为 11.22m；当 GSI＝65 时，支承压力系数峰值为 2.53，距工作面距离为 9.14m；当 GSI＝75 时，支承压力系数峰值为 2.60，距工作面距离为 7.58m；当 GSI＝85 时，支承压力系数峰值为 2.64，距工作面距离为 6.01m。因此，随着煤体 GSI 的增大，工作面超前支承压力增大，峰值距工作面距离减小，支承压力影响范围减小。

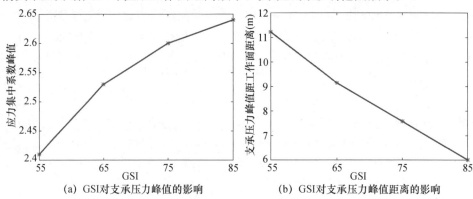

(a) GSI对支承压力峰值的影响　　(b) GSI对支承压力峰值距离的影响

图 3-13　煤体 GSI 对工作面前方支承压力的影响

工作面推进 150m 时，煤体 GSI 对工作面煤体的位移场的影响规律如图 3-14 所示。当煤体 GSI 较小时，煤体位移等值线两段均与煤壁相交，工作面中部煤体位移最大，而工作面上、下部煤体位移较小，其中上部煤体运动趋势为斜向下并朝向采空区，下部煤体的运动趋势为斜向上并朝向采空区，如图 3-14（a）、图 3-14（b）所示。随着煤体 GSI 的增加，工作面煤体位移场分布发生变化，煤壁位移等值线逐渐过渡为一端与煤壁相交、另一端与顶板相交，最大位移移动至工作面中上部，而煤体最小位移发生在工作面下部，工作面上部煤体的运动趋势为斜向下并朝向采空区，而工作面下部煤体的运动趋势为水平方向并朝向采空区，如图 3-14（c）、图 3-14（d）所示。

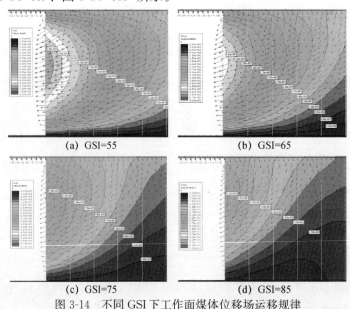

(a) GSI=55　　(b) GSI=65

(c) GSI=75　　(d) GSI=85

图 3-14　不同 GSI 下工作面煤体位移场运移规律

工作面煤壁最大位移随煤体 GSI 的变化规律如图 3-15 所示。煤体 GSI 增大时，煤壁最大位移显著减小，但位移减小的幅度逐渐变缓。当煤体 GSI 为 55 时，煤壁最大位移为 0.72m；当煤体 GSI 为 65 时，煤壁最大位移为 0.47m；当煤体 GSI 增大到 75 时，煤壁最大位移减小到 0.32m；当煤体 GSI 增大到 85 时，煤壁最大位移减小到 0.23m。

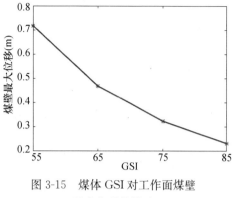

图 3-15　煤体 GSI 对工作面煤壁最大位移的影响

工作面推进 150m 时，煤体 GSI 对工作面塑性区宽度的影响规律如图 3-16 所示。随着 GSI 的增大，工作面煤体塑性区宽度逐渐减小，当 GSI 为 55、65 时，煤体塑性区宽度分别为 12m、10m 左右；当 GSI 增加到 75、85 时，塑性区宽度分别减小到 8m、6m 左右。因此，煤体 GSI 对工作面煤壁的稳定性具有显著影响，GSI 越大，煤壁的最大位移及塑性区宽度越小。

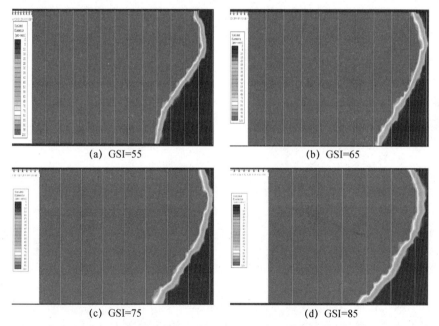

(a) GSI=55　　　　　　　　　　(b) GSI=65

(c) GSI=75　　　　　　　　　　(d) GSI=85

图 3-16　煤体 GSI 对工作面塑性区的影响

3.2.5　不同采高下煤壁破坏情况

不同采高下工作面超前支承压力集中系数峰值随工作面推进距离的变化规律如图 3-17 所示。同样，工作面应力集中系数峰值表现出先增长、后稳定的变化规律，但不同采高影响下应力集中系数峰值增长速率不同。当采高为 4m 时，工作面应力集中系数峰值增长速率最快，采高为 7m 时，工作面应力集中系数峰值增长速率最慢。由于不同采高模型的采空区材料刚度一致，故应力集中系数峰值均在工作面推进 80m 左右达到稳定状态，其中 4m 采高模型应力集中系数峰值稳定在 2.65 左右，5m 采高模型应力集中系数峰值稳定在 2.60，6m 采高模型应力集中系数峰值稳定在

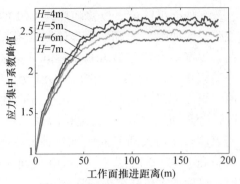

图 3-17 不同采高下工作面应力集中系数峰值随工作面推进变化规律

2.50 左右，7m 采高模型应力集中系数峰值稳定在 2.40 左右。

当工作面超前支承压力达到稳定状态后，任选工作面推进 150m 时分析工作面前后方支承压力分布规律，如图 3-18 所示。从图 3-18（a）可以看出，当采空区刚度一致时，不同采高下工作面后方采空区内减压区、稳压区的支承压力大小基本一致，而工作面前方支承压力分布差异明显。随着工作面采高的增大，支承压力峰值减小，峰值距工作面距离增大，支承压力影响范围增大，如图 3-18（b）所示。

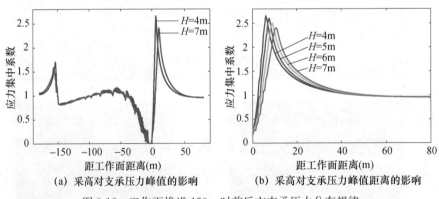

(a) 采高对支承压力峰值的影响　　　　(b) 采高对支承压力峰值距的影响

图 3-18 工作面推进 150m 时前后方支承压力分布规律

采高对工作面超前支承压力的影响规律如图 3-19 所示。当工作面采高为 4m 时，支承压力系数峰值为 2.65，峰值距工作面煤壁距离为 6.01m；当工作面采高为 5m 时，支承压力系数峰值为 2.60，峰值距工作面煤壁距离为 7.58m；当工作面采高为 6m 时，支承压力系数峰值为 2.50，峰值距工作面煤壁距离为 9.14m；当工作面采高为 7m 时，支承压力系数峰值为 2.41，峰值距工作面煤壁距离为 10.18m。因此，工作面采高越大，支承压力峰值越小，峰值距工作面煤壁距离越远，支承压力影响范围越大。

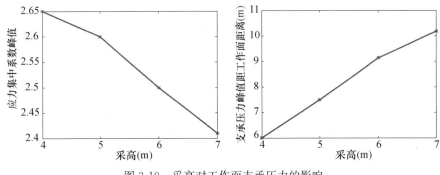

图 3-19　采高对工作面支承压力的影响

当工作面推进 150m 时，不同采高下工作面前方煤体的位移场变化规律如图 3-20 所示。当工作面采高较小时，煤体位移较小，位移等值线较稀疏，如图 3-20（a）、图 3-20（b）所示；当工作面采高较大时，煤体位移较大，位移等值线稠密，如图 3-20（c）、图 3-20（d）所示。工作面煤壁的最大位移主要集中在工作面中上部，其运动趋势为倾斜向下并朝向采空区。因此，工作面采高越大，煤壁稳定性越差，当工作面遇到断层构造带或围岩破碎影响段，在必要的情况下可以通过降低采高的方法使工作面安全通过地质构造影响段。

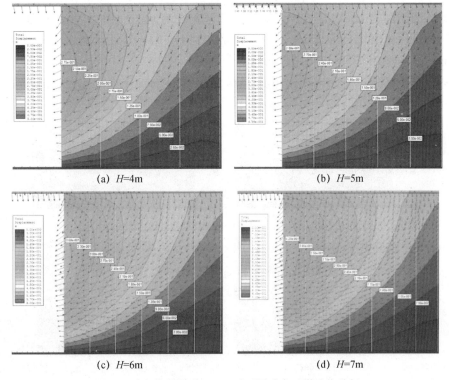

(a)　$H=4m$　　　　　　　　(b)　$H=5m$

(c)　$H=6m$　　　　　　　　(d)　$H=7m$

图 3-20　工作面推进 150m 时不同采高下煤壁位移场

工作面采高越大，煤壁最大位移也越大，如图 3-21 所示。当采高为 4m 时，工作面煤壁最大位移为 0.28m；当采高增加到 5m 时，工作面煤壁最大位移增加到 0.32m；当采高为 6m 时，工作面煤壁最大位移为 0.38m；当采高增加到 7m 时，工作面煤壁最大位移增加到 0.43m。

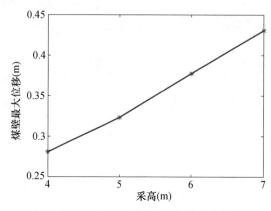

图 3-21　不同采高下工作面煤壁最大位移

工作面推进 150m 时，采高对工作面塑性区宽度的影响规律如图 3-22 所示。塑性区宽度呈现上宽下窄的形式，随着采高的增大，工作面煤体塑性区宽度随之增大。当采高为 4m 时，工作面煤体塑性区宽度为 6.2m 左右；采高增加到 5m 时，塑性区宽度增长为 8m 左右；采高增加到 6m 时，塑性区宽度增加到 9.2m 左右；采高增加到 7m 时，塑性区宽度变为 11m 左右。

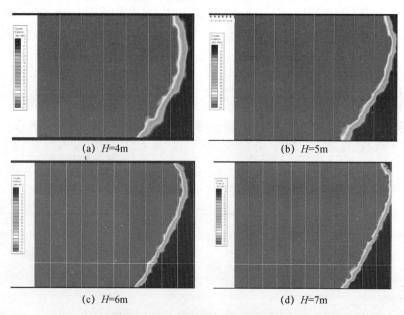

图 3-22　不同采高下工作面推进 150m 时煤壁塑性区宽度

3.3　工作面煤壁破坏的 FLAC 3D 数值模拟分析

二维数值模型无法模拟工作面倾斜方向上的支承压力及煤壁破坏特征。这里以王庄煤矿 8101 大采高工作面的地质条件和开采条件为工程背景，采用 FLAC 3D 建立了采空区支承压力动态演化的三维数值计算模型，分别研究了工作面不同推进距离下、工作面倾斜方向不同区域内支承压力分布规律及煤壁破坏塑性区特征，以及已采工作面采空区对当前工作面煤壁破坏的影响规律。

3.3.1　采空区支承压力动态演化数值模型的建立

8101 大采高工作面倾斜长 270m，走向长 939m，煤层平均厚度为 6.3m，全煤含 5 层夹矸，夹矸总厚度为 0.78m，煤层倾角 3°～7°。工作面埋深为 350m 左右。工作面直接顶为泥岩、砂质泥岩，基本顶为中粒砂岩，直接底为泥岩，基本底为细粒砂岩。图 3-23 为建好的数值模型，工作面沿 X 方向布置，沿 Y 方向推进，模型长度（X 方向）为 300m，宽度（Y 方向）为 200m，高度（Z 方向）为 63m。

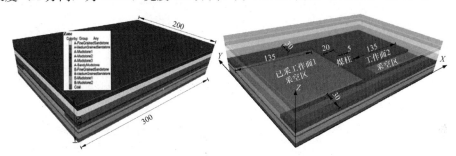

图 3-23　FLAC 3D 数值计算模型

为研究已采工作面的采空区对当前工作面支承压力分布及煤壁破坏的影响，数值模型模拟了两个相邻的工作面，如图 3-24 所示。为减小模型的尺寸和模型运行时间，根据模型的对称性，将工作面长度缩小为实际工作面长度的一半，即模型中工作面长度为 135m，因此图 3-24 中，靠近煤柱的一侧为工作面 1、2 的端部，而在 $x=0$m、$x=135$m 处分别为工作面 1、工作面 2 的中部。模型进行开挖时，首先进行工作面 1 的开挖。该工作面开采结束后进行工作面 2 的开挖。这里研究模型开挖过程中工作面不同区域的超前支承压力分布规律及煤壁破坏特征，以及工作面 1 开挖结束后的采空区对当前工作面 2 的超前支承压力和煤壁破坏的影响规律。

如前所述，采空区支承压力分布规律对工作面前方支承压力及煤壁破坏具有显著的影响。当工作面开挖后，采空区内及采场四周支承压力重新分布，如图 3-25 所示。

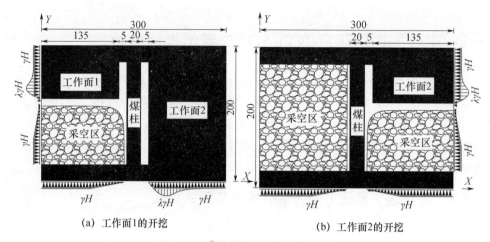

(a) 工作面1的开挖　　　　　　　　(b) 工作面2的开挖

图 3-24　数值模型开挖顺序示意图

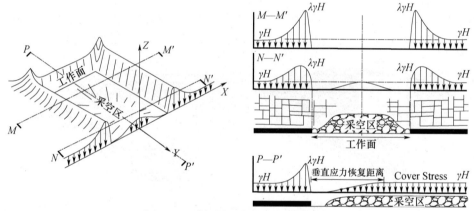

图 3-25　采场周围支承压力分布特征

可以看出，采场四周的支承压力分布具有如下特征：

（1）在工作面倾斜方向上，采空区的支承压力分布呈现为中间大、两边小的规律，即采空区靠近工作面巷道一侧的支承压力较小，而采空区中部位置的支承压力较大，如横截面 $M—M'$、$N—N'$ 所示。

（2）在工作面推进方向，距离工作面越远，采空区的支承压力越大，并且在采空区重新压实区恢复到原岩垂直应力水平，如横截面 $P—P'$ 所示。

在所建立的 FLAC 3D 数值模型中，工作面开挖后通过对采空区不同位置处的顶、底板施加不同的力，来模拟图 3-25 中的采场支承压力分布特征。

采空区支承压力在工作面后方某一位置恢复到原岩垂直应力水平，这里将工作面到该位置的距离称为采空区垂直应力恢复距离。当采空区垂直应力恢复距离较小时，说明采空区冒落矸石具有较大的刚度，能够承担更多的上覆岩层质量，缓解工作面实体煤及支架上方的载荷，工作面前方支承压力峰值较小；当采空区垂直应力恢复距离较大时，说明采空区冒落矸石刚度较小，液压支架及工作面实体煤承担更多的上覆岩层质量，支承压力峰值较大。因此，工作面前方支承压力与采空区内支承压力分布关系密切，调整模型中采空区内支承压力大小及分布形式可以获得不同的工作面前方支承压力峰值。

由于采空区内支承压力的现场实测较为困难且费用昂贵，因此难以获得准确的采空区支承压力数值及采空区垂直应力恢复距离。这里假设工作面前方支承压力集中系数峰值的合理范围为 2.5～3.5，若工作面推进一定距离后，支承压力系数峰值稳定在合理值范围内，则认为所构建的采空区是合理的。经过反复尝试，所构建的采空区支承压力分布特征如图 3-26 所示。图中 X 轴为工作面面长方向距工作面中心位置距离（$X=0$m 为工作面中心），Y 轴为采空区距工作面煤壁距离（$Y<0$ 表示为采空区位置），Z 轴为采空区应力集中系数。在工作面推进方向，采空区支承压力在工作面后方 70m 左右达到原岩垂直应力水平；在工作面倾斜方向，采空区支承压力在距离巷道 35m 左右达到该截面上的最大值。

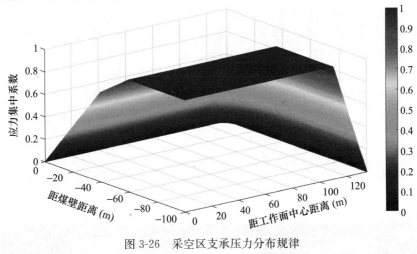

图 3-26　采空区支承压力分布规律

模型采用霍克-布朗强度准则，各煤岩层的岩石材料参数取值如表 3-5 所示。

表 3-5　煤岩霍克-布朗强度参数

岩性	ν	σ_{ci}（MPa）	GSI	m_i	m_b	s	a	E_m（MPa）
细粒砂岩	0.19	70	90	15	10.495	0.3292	0.5	5607.91
砂质泥岩	0.25	35	84	13	7.341	0.169	0.5	4593.02
中粒砂岩	0.18	73	88	15	9.771	0.264	0.5	6157.24
泥岩	0.28	15	80	12	5.874	0.1084	0.501	3521.39
煤	0.30	6.4	75	11	4.504	0.0622	0.501	2938.86

注：ν 为泊松比；σ_{ci} 为岩石单轴抗压强度（MPa）；GSI 为地质强度系数；m_i 为岩石常数；m_b 为岩石折减系数；m、a 为岩体常数；E_m 为弹性模量（MPa）。

3.3.2　工作面不同区域煤壁破坏特征研究

（1）工作面区域划分

模型开挖以后，工作面前方支承压力分布规律在工作面面长方向上表现出较大的差异。这里对工作面进行了区域划分，研究各区域内的工作面煤壁破坏情况。

图 3-27 给出了工作面前方支承压力集中系数峰值沿工作面面长方向的分布规律，其中 $x=0$m 为工作面在面长方向上的中心位置；$x=135$m 为工作面靠近巷道的端部位置。可以看出，应力集中系数从工作面中部到工作面端部逐渐减小；在工作面中部应力集中系数达到 3.1 左右，而在工作面端部应力集中系数仅为 1.5 左右，减小幅度为 50％左右。

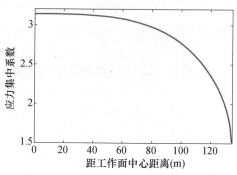

图 3-27　工作面前方支承压力集中系数峰值沿工作面面长方向分布规律

根据工作面倾斜方向上支承压力从中部到端部递减的规律，将工作面 1 划分为 A、B、C 三个区域，如图 3-28 所示。其中 A 区从 $x=0$m 到 $x=80$m，该区域内应力集中系数的数值大于应力集中系数最大值（3.1）的 95％；B 区从 $x=80$m 到 $x=110$m，该区域内应力集中系数的数值介于应力集中系数最大值（3.1）的 80％～95％；C 区从 $x=110$m 到 $x=135$m，该区域内应力集中系数的数值小于应力集中系数最大值（3.1）的 80％。当工作面 2 开挖后，沿工作面方向上的应力增高系数具有同样的分布规律，对应地将工作面 2 划分为区域 C'、B'、A'。

图 3-28　工作面区域划分

（2）工作面前后方支承压力分布规律

在数值模型中，随着工作面的推进，采空区跨度逐渐增大，工作面前后方的支承压力也逐渐增大；当工作面推进一定距离后，工作面前方的支承压力逐渐稳定，而采空区的支承压力也进入了稳压区，此时认为模型进入了稳定状态。

工作面前方支承压力集中系数峰值随工作面推进的变化规律如图 3-29 所示。随着工作面的推进，工作面前方应力集中系数逐渐增大，并最终趋于稳定。在工作面 3 个区域内，工作面前方支承压力集中系数峰值增长速率明显不同。开切眼后，工作面 3 个区域内的应力集中系数峰值均为 1.25 左右；随着工作面的继续推进，工作面区域 A 内的应力集中系数峰值增大速率最大，其次为区域 B、区域 C；当工作面推进 100m 左右后，3 个区域内的应力集中系数峰值逐渐稳定，其中区域 A 的支承压力集中系数峰值稳定在 3.1 左右，区域 B 的超前应力集中系数峰值稳定在 2.75 左右，区域 C 的超前应力集中系数峰值稳定在 2.47 左右。

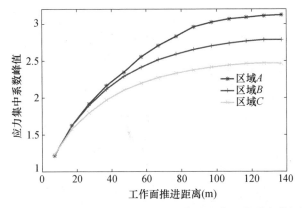

图 3-29   工作面前方支承压力系数峰值随工作面推进变化规律

在进行数值模拟时，若考虑采空区对顶底板的承载作用，采空区顶底板的支承压力呈现先增大后稳定的变化趋势。当工作面推进 60m 时，工作面区域 A、区域 B、区域 C 的垂直应力分布规律表现出较大的差异，如图 3-30 所示。在区域 A 内，工作面前方的垂直应力最大，支承压力影响范围较广，而在工作面后方采空区垂直应力逐渐增大；在区域 B 内，支承压力分布特征与区域 A 相似，但工作面前方支承压力较小；在区域 C 内，工作面前后方的垂直应力均显著减小。

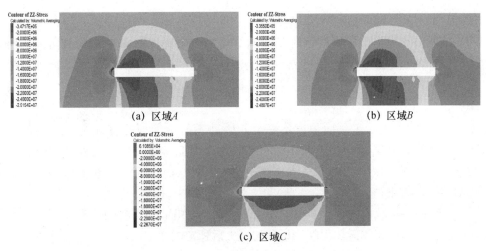

图 3-30   工作面不同区域内垂直应力分布规律

当工作面推进 140m 后，工作面前后方支承压力分布规律如图 3-31 所示。可以看出，区域 A 的工作面超前应力集中系数最大，为 3.12 左右，峰值距工作面煤壁 3m 左右；区域 B 的工作面超前应力集中系数峰值为 2.79 左右，出现在工作面 2.5m 左右的位置；区域 C 的工作面超前应力集中系数最小，为 2.47 左右，出现在工作面前方 2m 左右的位置。因此，工作面中部（区域 A）的应力集中系数最大，且应力峰值离工作面最远；而工作面靠近巷道一侧的端部（区域 C）的应力集中系数最小，应力峰值离工作面最近。

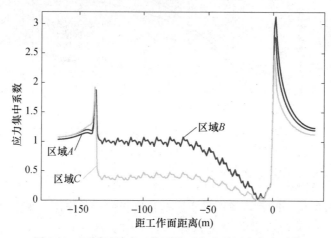

图 3-31   不同区域内工作面前后方支承压力集中系数

在工作面后方，类似于图 3-2，采空区的支承压力分布表现出明显的减压区和稳压区分布特征。工作面后方 70m 的范围内为减压区，而 70m 以后为采空区稳压区。在区域 A 和区域 B 中，采空区稳压区内应力集中系数为 1，即垂直应力恢复到原岩应力水平；区域 C 中采空区稳压区内应力集中系数恢复到 0.4 左右。

（3）工作面煤壁破坏情况

工作面前方极限平衡区内支承压力分布与煤壁破坏具有密切的联系。一般认为，降低煤壁压力有利于提高煤体稳定性。如前所述，不同推进距离下工作面不同区域内的超前支承压力分布差异明显，具体表现为工作面中部支承压力最大，端部最小。相对应，工作面不同区域内的煤壁破坏程度也应不同。由于区域 A、B、C 内的工作面长度不一样，因此不能单纯地比较 3 个区域内的煤壁破坏体积，这里定义煤体破坏体积系数，即为工作面各区域内发生塑性破坏的单元体体积与该区域内单元体总体积的比值，从而比较工作面各区域内煤壁的塑性破坏程度。

工作面各区域内的煤体破坏体积系数随着工作面的推进如图 3-32 所示。工作面各区域内的煤体破坏程度均呈现先增大后稳定的变化规律。工作面推进 40m 之前，区域 A、B、C 的煤体破坏体积系数未出现明显的差异；随着工作面的继续推进，区域 A 内的煤体破坏体积系数增长速率最快，其次为区域 B，而区域 C 的煤体破坏体积系数增长速率最慢；当工作面推进 100m 左右时，3 个区域的煤体破坏体积系数均趋于稳定，其中区域 A 的煤体破坏体积系数稳定在 66.67％，区域 B 为 60.56％，区域 C 为 47.22％。因此，类似支承压力分布规律，工作面区域 A 内的煤壁破坏程度最大，其次为区域 B、区域 C。

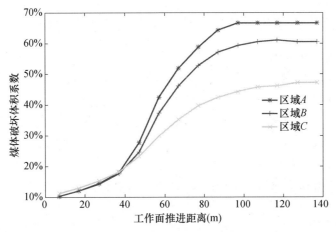

图 3-32　工作面不同区域内煤体破坏体积系数

　　工作面推进 140m 以后，工作面前方不同距离内的煤体塑性区分布规律如图 3-33所示。不难发现，工作面不同区域内的煤壁破坏程度具有明显的差异。在工作面前方 0～1m 范围内，3 个区域内的煤体全部处于塑性破坏状态，以剪切破坏为主；在工作面前方 1～2m 范围内，煤体的塑性区面积有所减小，即煤体破坏程度减轻，其中工作面区域 C 的煤体塑性破坏范围最小，区域 A 的塑性破坏面积最大；在工作面前方 2～3m 范围内，煤体的塑性破坏程度进一步减轻，其中区域 C 的煤体基本处于完好状态。从工作面推进方向看，在区域 A、B 内，煤体破坏深度为 3m，但区域 B 的煤壁破坏范围明显小于区域 A；在区域 C 内，煤体破坏深度为 2m。

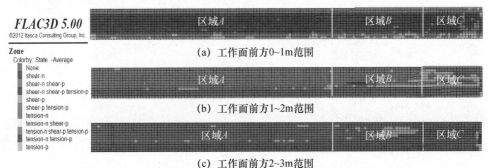

图 3-33　工作面前方不同距离内的煤体塑性区分布规律

由上述分析可知，工作面不同区域内的支承压力及煤壁破坏程度具有较大差异。在区域 A 内（工作面中部），工作面前方支承压力及煤壁片帮程度均较大，而区域 C 内（工作面端部），工作面前方支承压力和煤壁破坏程度相对较小。因此，煤壁破坏具有工作面中部集中效应，工作面中部应是煤壁片帮防治的重点区域。

3.3.3 已采工作面采空区对当前工作面煤壁破坏的影响

在工作面 1 开采过程中，由于区域 C 靠近煤柱及工作面 2 实体煤，在实体煤的保护下，区域 C 内的煤壁破坏程度相对较轻。当工作面 1 开采结束后，由于工作面 1 由实体煤变为采空区，其对顶板的承载能力降低，故已采工作面 1 的采空区对当前工作面 2 的煤壁破坏具有一定的影响。这里重点比较工作面 1 开采结束后，当前工作面 2 的区域 A'、B'、C' 与已采工作面 1 的区域 A、B、C 内的支承压力分布及煤壁破坏程度。

工作面 1 开采结束后，工作面 1、2 不同区域内支承压力系数峰值变化规律如图 3-34 所示。

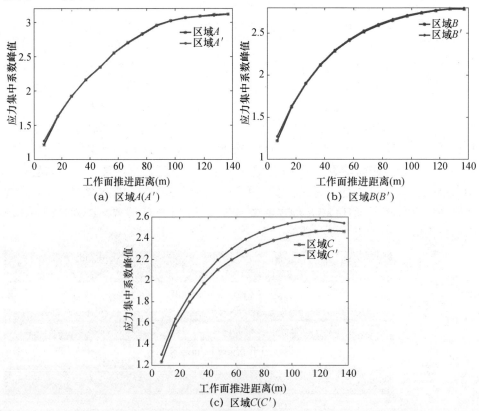

图 3-34　相邻工作面不同区域支承压力系数峰值变化规律

从图 3-34 可以看出，在区域 A（A'）、B（B'）中，当前工作面 2 与已采工作面 1 具有几乎相同的支承压力集中系数峰值，即已采工作面 1 的采空区对当前工作面 2 的区域 A'、B' 内的支承压力分布并没有影响；在区域 C（C'）中，已采工作面 1 和当前工作面 2 的支承压力分布表现出明显的差异，即当前工作面 2 在区域 C' 内的支承压力峰值明显大于已采工作面 1 在区域 C 内的支承压力。具体来说，已采工作面 1 的区域 C 内支承压力集中系数峰值为 2.46 左右，而当前工作面 2 的区域 C' 内支承压力集中系数峰值为 2.57 左右。

随着模型的开挖，当前工作面 2 各区域内的煤壁破坏程度变化趋势如图 3-35 所示。在区域 A（A'）、B（B'）中，当前工作面 2 与已采工作面 1 的煤体破坏体积系数基本一致，即当前工作面 2 的区域 A'、B' 煤壁破坏程度并不受已采工作面 1 采空区的影响。在区域 C（C'）中，当前工作面 2 区域 C' 的煤壁破坏程度显著大于工作面 1 区域 C。工作面推进 100m 以后，已采工作面 1 区域 C 的煤体破坏体积系数稳定在 47.22% 左右，而当前工作面 2 区域 C' 的煤体破坏体积系数增加到 54.17% 左右。

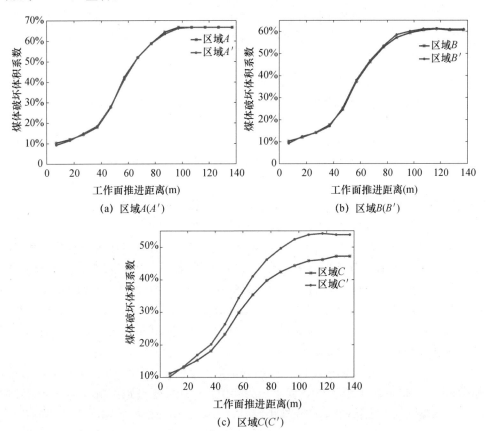

(a) 区域$A(A')$　　　　　　　(b) 区域$B(B')$

(c) 区域$C(C')$

图 3-35　相邻工作面不同区域内煤体破坏体积系数变化规律

因此，已采工作面采空区一定程度上增大了当前工作面的支承压力及煤壁破坏程度，其影响范围为当前工作面靠近已采工作面采空区 30～40m 距离范围内（区域 C'），如图 3-36 所示。

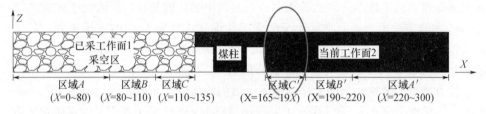

图 3-36　已采工作面 1 对当前工作面 2 的影响

3.4　本章小结

在工作面铅直方向上存在着"直接顶-液压支架-直接底"采场-围岩系统刚度关系；在工作面推进方向上同样存在着"采空区-液压支架-工作面煤壁"采场系统刚度关系。其中采空区刚度是水平方向上采场系统刚度的重要组成部分，且随着工作面的推进，采空区刚度是一个动态演化的过程，影响着上覆岩层载荷的承载比例，对工作面煤壁和采场围岩的稳定性具有重要意义。

在进行煤壁破坏数值模拟时，往往会忽略采空区刚度对顶板的支持反力，造成工作面实体煤所承担的上覆岩层质量偏大。本章分别采用 PHASE 2D、FLAC 3D 建立了采空区刚度动态演化的数值模型，充分考虑了采空区的影响，准确地模拟出采空区内减压区、稳压区的支承压力分布特征，在此基础上分析了采空区刚度、煤体 GSI 参数、工作面采高等因素对工作面超前支承压力、工作面煤壁破坏的影响，并讨论了工作面长度方向上不同区域内煤壁破坏分布规律及已采工作面采空区对当前工作面的支承压力及煤壁稳定性的影响。

（1）当数值模型未考虑采空区的影响时，工作面后方采空区内支承压力为 0，且工作面前方支承压力峰值、支承压力影响范围随着工作面的推进单调递增；当数值模型中考虑采空区的影响时，能够完整地模拟出工作面前后方增压区、减压区、稳压区的支承压力分布特征，且随着工作面的推进，工作面超前支承压力、工作面煤体塑性区宽度、工作面煤壁最大位移均表现出先增大后稳定的演化规律，表明数值模型达到稳定状态。

（2）当采空区刚度由采空区 1 增加到采空区 2 时，工作面前方支承压力集中系数峰值由 2.86 减小到 2.60，支承压力峰值距工作面煤壁距离由 8.42m 减小到 7.57m，煤壁最大位移由 0.41m 减小到 0.32m，工作面塑性区宽度由 8.5m 减小到 7.8m 左右。因此，增加采空区（早期）刚度能够降低工作面支承压力，减小煤壁塑性区宽度，降低煤体位移量，提高煤壁稳定性。

（3）当煤体 GSI 由 55 增大到 85 时，工作面前方支承压力集中系数峰值由 2.42 增加到 2.64，支承压力峰值距工作面煤壁距离由 11.22m 减小到 6.01m，煤壁最大位移由 0.72m 减小到 0.23m，工作面塑性区宽度由 12m 减小到 6m 左右。因此，随着煤体力学参数的增大，工作面支承压力峰值增大，但峰值距工作面煤壁距离减小，支承压力影响范围及煤壁塑性区宽度减小，煤壁位移减小。

（4）当工作面采高由 4m 增加到 7m 时，工作面前方支承压力集中系数峰值由 2.65 减小到 2.40，支承压力峰值距工作面煤壁距离由 6.01m 增加到 10.18m，煤壁最大位移由 0.28m 增加到 0.43m，工作面塑性区宽度由 6.2m 增加到 11m 左右。因此，随着采高的增大，工作面前方支承压力减小，但峰值距工作面距离增大，支承压力影响范围增大，煤壁位移增大。

（5）在工作面倾斜方向上，工作面前方支承压力集中系数及煤壁破坏程度从工作面中部到工作面端部逐渐减小。工作面中部（区域 A）支承压力集中系数峰值为 3.1，煤壁破坏体积系数为 66.67%；工作面端部（区域 C）超前支承压力集中系数峰值为 2.47，煤壁破坏体积系数为 47.22%。因此，工作面煤壁破坏具有工作面中部集中效应，工作面中部是煤壁破坏的重点防治区域。

（6）当工作面 1 开采结束后，工作面 1 由实体煤变为采空区，其承载能力小于实体煤，因此当前工作面 2 区域 C' 的支承压力集中系数峰值相比于工作面 1 的区域 C 由 2.47 增加到 2.58，煤壁破坏体积系数由 47.22% 增加到 54.17%，但工作面 2 区域 A'、B' 的支承压力及煤壁破坏均没有变化。因此，已采工作面采空区增加了当前工作面的支承压力及煤壁破坏程度，其影响范围为当前工作面靠近已采工作面采空区 30～40m 的距离范围内。

第4章　支架立柱活动规律及其与围岩相互作用关系

在一个开采循环中，工作面液压支架的操作流程一般包括降架、移架、初撑，这个过程的操作时间一般在10s左右。此后在顶板收敛变形的过程中，支架开始增阻，当达到额定阻力后漏液屈服。现阶段的液压支架立柱多采用伸缩式两级液压缸，支架液压缸立柱决定了支架额定工作阻力的大小，并控制着支架顶梁的升降，因此液压支架立柱是整个支架最重要的元件。立柱的液压操作与"支架-围岩"相互作用关系及液压支架性能参数密切相关，因此了解液压支架立柱的活动规律有助于丰富支架与围岩耦合理论，并提高工作面围岩的稳定性控制。

4.1　伸缩式两级液压缸支架立柱活动规律

4.1.1　两级液压缸立柱伸缩规律

在泵站压力作用下，支架立柱液压缸开始注液升架，当顶梁接触顶板且立柱液压缸空腔内乳化液达到泵站压力后，立柱完成注液并关闭阀门，支架达到初撑力，对顶板提供主动支撑。此后，在顶、底板的收敛变形作用下，立柱内乳化液不断受压，支架工作阻力开始增大，直到达到额定工作阻力，其中支架对顶板的支护分为主动支护（初撑力）和被动支护（增阻）两部分。当开采进入下一个循环时，支架降架泄压，并向前移动一个采煤机截深。支架的工作程序包括升架过程、支护过程、降架过程。

（1）升架过程：由于两级液压缸能够提供范围更大的支撑高度，适应不同厚度的煤层，现阶段的液压支架多采用伸缩式两级液压缸作为支架立柱，如图4-1所示。两级液压缸主要包括一级缸（底缸）、二级缸（中缸）、活塞杆、升架入液站、降架入液站及若干单向阀。执行升架操作时，乳化液首先通过升架入液站的单向阀泵入一级缸的空腔内，向上挤压二级缸的底部，通过二级缸的伸展实现支架升架操作。当一级缸走完全部冲程后，二级缸底部的单向阀开启，乳化液进入二级缸的空腔内，并向上挤压活塞杆的底部，进一步增大支护高度。在升架过程中，升架入液站的液控单向阀及一级缸单向阀只允许乳化液进入立柱空腔内，但不允许回流，因此，即使停止将乳化液泵入空腔内，立柱仍然处于伸展状态。值得注意的是，只有当一级缸走完全部冲程时，一级缸单向阀才会开启，二级缸才开始注液伸展。

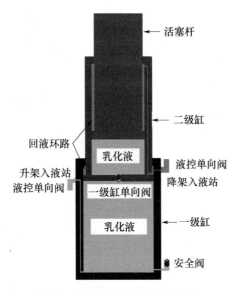

图 4-1　液压支架立柱示意图

（2）支护过程：当顶梁接触到顶板后，在泵站压力下支架达到初撑力对顶板提供主动支护，在单向阀的作用下，两级缸内的乳化液被封闭在空腔中。当顶板开始收敛下沉，乳化液受到挤压，支架开始增阻，增阻部分即为支架所提供的被动支护。当支架工作阻力达到额定阻力时，液压柱底部的安全阀开启，一级缸通过漏液降架实现支架卸压降阻，从而保护立柱液压缸不受机械损害。当支架完成降阻后，安全阀关闭，液压立柱再次开始增阻。

（3）降架过程：由于支架立柱是双动式的，因此支架降架过程同升架一样也是液压操作的。开始降架时，左侧的液控单向阀开启，并允许一级缸内的乳化液沿立柱两侧的环路流动；与此同时，在降架入液站向二级缸的回液环路泵入乳化液，促使一级缸空腔内乳化液率先回流，一级缸开始收缩；当一级缸达到 0 冲程时，一级缸单向阀开启，二级缸空腔内的乳化液回流，二级缸开始收缩。值得注意的是，只有当一级缸走完全部冲程（0 冲程）时，一级缸单向阀才会开启，二级缸才会回液收缩。

4.1.2　特定采高下两级液压缸立柱伸缩规律

两级液压缸立柱在特定采高下的伸缩活动规律对理解支架围岩相互作用关系至关重要。图 4-2 给出了在特定采高下液压支架两级液压缸立柱的伸缩规律。由于现场实践中采高可能会随着工作面的推进而变化，因此图中给出了 3 个支撑高度的变化案例，即原始支撑高度（origina loperating height）、最大支撑高度（maximum operating height）、较低支撑高度（lower operating height）。两级液压缸立柱在 3 个支撑高度下的活动规律分述如下：

图 4-2 （a）：立柱处于最低支撑高度，两级液压缸均为 0 冲程，可以理解为支架在完全收缩的状态下被运送至工作面开切眼。

图 4-2 （b）：支架开始升架，一级缸达到全部冲程。

图 4-2 （c）：当且仅当一级缸完成全部冲程时，二级缸开始伸展，此时支架顶梁接触顶板，支架提供主动支撑力，即初撑力，此时支架的工作高度称为原始支撑高度（original operating height）。

图 4-2 （d）：当开采进入下一个循环时，假设采高降低至一个较低支撑高度（lower operating height），此时一级液压缸通过漏液回缩实现支撑高度的降低，而二级液压缸仍然保持当前冲程。

图 4-2 （e）：假设在下一个开采循环，采高又回到了原始支撑高度（original operating height），这时须对一级缸注液使其重新达到全部冲程。这一支撑高度下支架二级液压缸的冲程和伸缩高度与图 4-2 （c）一致。

图 4-2 （f）：假设在下一个开采循环中，采高达到了支架所能提供的最大支撑高度（maximum operating height），此时二级液压缸也达到了最大冲程。

图 4-2 （g）：支架开始降架，一级缸首先回液收缩，此时支撑高度回到了原始支撑高度（original operating height），然而这与图 4-2 （c）中两级缸的冲程及伸缩高度并不一致，这是因为在降架过程中，总是先回收一级缸，当一级缸变为 0 冲程时，再回收二级缸。

图 4-2 （h）：一级缸继续回液收缩，支撑高度降低至较低支撑高度（lower operating height），此时同样需要注意，较低支撑高度与图 4-2 （d）稍有区别。

图 4-2 （i）：一级液压缸完全回液，回缩至 0 冲程。

图 4-2 （j）：二级液压缸完成回液，回缩至 0 冲程，支架回到最小支撑高度。

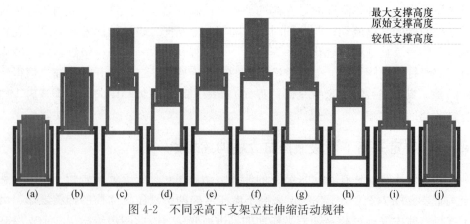

图 4-2　不同采高下支架立柱伸缩活动规律

从图 4-2 可以看出，某一级液压缸的伸缩与上一循环的支撑高度有关。图 4-2 （c）到图 4-2 （d）表明，当下一循环的采高小于当前支撑高度（如原始支撑高度）时，支架的升降均由一级缸的伸缩来实现，直到下一循环的采高大于原始支撑高度，此时不仅需要一级缸重新达到全部冲程，且需要二级缸进一步伸展 [图 4-2（e）、图 4-2（f）]。值得注意的是，在任何采高或支撑高度下，两级液压缸的伸缩原则如下：当且仅当一级缸达到全部冲程时，二级缸才启动伸展；当且仅当一级缸达到 0 冲程时，二级缸才启动收缩。也就是说，一级缸优先于二级缸伸展，优先于二级缸收缩；除了在进行收架操作，否则二级缸如"过河之卒"，没有回头路。

4.2 伸缩式两级液压缸立柱的重要参数及其与围岩耦合机理

4.2.1 额定工作阻力

自从我国采用长壁开采体系以来，由于支架阻力越大越好的设计理念，液压支架的额定工作阻力一直在上涨。近年来，随着鄂尔多斯等矿区一次性开采 6～9m 厚煤层的工业需求，液压支架的额定阻力进一步增大，支架尺寸和质量也随之增大。表 4-1 给出了国内典型的 6m、7m、8.8m 液压支架的重要性能参数。不难看出，支架额定阻力、初撑力、支架尺寸、质量、立柱直径、支架刚度（后面单独讨论）保持增长趋势。目前，上湾煤矿 8.8m 液压支架的额定阻力最大，达到了 2600t。

表 4-1 不同型号支架重要参数对比

支架型号	初撑力 (t)	额定阻力 (t)	初/额比值	支护范围 (m)	宽度 (mm)	质量 (t)	立柱直径 (mm)
ZY10800/28/63D	791	1080	73.2%	2.8～6.3	1750	45	400
ZY15000/33/72	1237	1500	82.5%	3.3～7.2	2050	70	500
ZY18800/32.5/72D	1237	1880	65.8%	3.25～7.2	2050	69.5	500
ZY26000/40/88D	1978	2600	76.1%	4.0～8.8	2400	99	600

除了支架立柱，掩护梁结构一方面通过遮挡采空区矸石来为工作面提供工作空间，另一方面也对顶板提供水平支撑（限制顶板向采空区方向移动的被动支撑）和垂直支撑（限制顶板收敛的被动支撑）。也就是说，支架对顶板的垂直支撑力有小于 5% 的部分来自支架四连杆掩护梁的被动支护，但绝大部分垂直支撑力仍来自支架立柱。因此，增加支架工作阻力或额定阻力可以通过支架立柱实现，主要包括如下 3 种途径。

（1）增加单个支架的立柱数量

印度煤炭行业多采用四柱式液压支架，即通过这种途径增加支架额定阻力。然而中国多采用两柱式液压支架，倾斜的立柱支撑顶梁还可以为顶板提供水平方向的主动支撑，限制顶板沿着层状弱面向采空区方向滑移。相比之下，四柱式液压支架并不能为顶板提供横向支撑力，且一旦前柱和后柱的阻力分布不均衡，顶梁易倾斜或旋转，导致顶梁和顶板接触不充分、支架对顶板的等效支撑力降低。

（2）增加安全阀屈服压力

以表 4-1 中 ZY15000/33/72 和 ZY18800/32.5/72D 为例，两个支架具有几乎相同的尺寸、质量及立柱直径，初撑力均为 1237t，然而支架 ZY18800/32.5/72D 的额定阻力为 1880t，比前者 1500t 的额定阻力高出了 380t。这是由于这两个支架的泵站压力（一般为 31.5MPa）和立柱横截面面积均相等，故初撑力均为 1237t（泵站压力×立柱横截面面积×立柱个数）；而支架额定阻力的大小取决于立柱安全阀的屈服压力设定值，由于支架 ZY15000/33/72 的立柱泄压阀（安全阀）所设定的屈服压力为 38.2MPa，而 ZY18800/32.5/72D 的泄压阀设定的屈服压力为 47.9MPa，因此在泵站压力、支架尺寸、质量、立柱直径等参数相同的条件下，后者的额定工作阻力要高出 380t。可以这样理解：两个支架可视为同一支架，但支架 ZY18800/32.5/72D 采用了更好的封闭圈，因此安全阀的屈服压力设计值更高，额定工作阻力也因此更大。

（3）增加支架立柱的横截面面积

现场泵站压力一般为 30～35MPa，而安全阀的屈服压力一般为 40～45MPa。在泵站压力和屈服压力相同的情况下，支架制造商通常通过增加立柱直径的方法提高支架初撑力和额定阻力。这一趋势也可以从表 4-1 中看出，随着立柱从 400mm 增加到 500mm、600mm，支架的初撑力和额定阻力也在增加。

另外，为了适应立柱尺寸的不断增大，现阶段的支架质量、支撑范围尤其是宽度也不断增大。例如国内最大的 8.8m 液压支架的宽度和质量分别达到了 2.4m 和 100t，而之前采用的 7.2m 支架宽度和质量分别为 2m 和 70t。大宽度、大质量的支架并不能 100％保证对工作面围岩稳定性的良好控制，这更多地取决于支架与围岩的相互耦合关系。然而可以肯定的是，一方面大宽度、大质量支架的结构稳定性更好，另一方面移架时间和支架成本也可能降低（因为同一长度的工作面所安装的大宽度支架个数减少）。

4.2.2 初撑力

初撑力是液压支架移架后对顶底板施加的初始主动支撑力。初撑力的大小取决于泵站压力和立柱横截面面积。由于支架额定阻力同样和立柱横截面面积呈正比，因此一般情况下，初撑力和额定阻力往往也是正相关的（表 4-1）。根据支架立柱的活动规律，当一级缸未达到冲程时，一级缸的液压力即为泵站压力；当一级缸达到冲程时，二级缸的液压即为泵站压力。支架初撑力是两级液压缸作用力之和，即泵站压力×立柱横截面面积×立柱个数。

液压支架的初撑力是可以人为设置的（通过调整泵站压力），而初撑力的大小对工作面的围岩稳定性至关重要。目前来看，对合理初撑力的设置（或初撑力与额定阻力的比值）仍存在争议。英国煤矿倾向于采取较低的初撑力，一般为额定工作阻力的 25%；而美国、德国等国家则采取较高的初撑力，初撑力一般是额定工作阻力的 60%～80%。从表 4-1 来看，我国常用的初撑力是额定阻力的 65%～80%。

很多学者指出，提高支架初撑力可以有效控制工作面围岩控制水平，这一推荐措施频繁出现在相关研究中。然而这一结论并不严谨，这是因为支架增阻与初撑力是相对独立的，设置较大的初撑力（如额定阻力的 90%）所造成的后果是支架用来应对顶板下沉或破断的余量阻力非常有限（只有额定阻力的 10%），在软弱顶板不断收敛或坚硬顶板破断冲击的作用下，支架很快达到额定工作阻力，极端情况下会导致压架事故。此外，在软弱顶板条件下，过大的初撑力还容易导致顶板更为破碎。因此，并不能说初撑力越大对顶板稳定性越有利。事实上，支架初撑力的优化是与支架-围岩相互耦合关系相关的，这一方面取决于支架的力学参数与性能，另一方面取决于顶底板的物理、力学和几何性质。

4.2.3　支架刚度

上文提到了增大支架额定工作阻力的 3 种途径，事实上，当支架额定工作阻力增大后，往往伴随着支架垂直刚度的增大。本节拟通过理论分析研究立柱刚度的变化对支架实际工况及围岩稳定性的影响。

液压支架立柱内乳化液的压缩系数 β 可表示为

$$\beta = -\frac{1}{V}\frac{\Delta V}{\Delta p} \tag{4.1}$$

式中，V 为立柱液压缸内乳化液的体积；ΔV 为立柱液压缸内乳化液应对顶板收敛或人工升/降架所产生的体积增量；Δp 为立柱液压缸内乳化液的增减所导致的油压增量。

这里取立柱液压缸内乳化液的压缩系数为 2000MPa，对式（4.1）取倒数可得乳化液的体积模量 K：

$$K = \frac{1}{\beta} = -V\frac{\Delta p}{\Delta V} \tag{4.2}$$

考虑到 $\Delta p = \Delta F/A$ 且 $\Delta V = A \times \Delta l$，代入式（4.2），则

$$K = -\frac{V}{A^2}\frac{\Delta F}{\Delta l} \tag{4.3}$$

式中，ΔF 为立柱外作用力增量，如顶板压力的变化；A 为立柱的横截面面积；Δl 为立柱内乳化液高度增量。

将式（4.3）改写为关于 ΔF 的函数并代入支架刚度计算公式（$k = -2 \times \Delta F/\Delta l$）中，则两柱式液压支架的刚度可表示为

$$k = -2 \times \frac{\Delta F}{\Delta l} = 2 \times \frac{A^2 K}{V} = 2 \times \frac{AK}{L} \tag{4.4}$$

式中，L 为立柱液压缸内乳化液高度；$V=A \times L$。

从式（4.4）不难看出，支架刚度与立柱的横截面面积呈正比。由于增加立柱直径是当前支架制造商最常用的增大支架额定阻力的途径，因此支架刚度与支架额定阻力也是正相关的。另外，支架刚度与立柱内乳化液的高度成反比，也就是说，随着升架过程或增大采高，支架刚度在不断降低。值得注意的是，为求解更精确的支架刚度，式（4.4）中的 L 应采用立柱内乳化液高度 L_1（图4-3），而不是煤层开采高度（L_1+L_2），这一点在以往研究中常常被忽视。

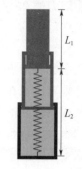

图 4-3　液压支架立柱等效刚度的概念

支架等效刚度是立柱内乳化液刚度和活塞杆刚度之和，如式4.5所示：

$$k_{shield}=\frac{1}{\dfrac{1}{k_{rod}}+\dfrac{1}{k_{liquid}}} \qquad (4.5)$$

式中，k_{shield} 为支架等效刚度（N/m）；k_{rod} 为活塞杆刚度（N/m）；k_{liquid} 为乳化液刚度（N/m）。

其中活塞杆刚度 k_{rod} 至少比立柱内的乳化液刚度 k_{liquid} 大两个数量级，因此乳化液刚度即可代表支架的等效刚度 k_{shield}。事实上，在顶板变形收敛过程中，承担支架变形的部分是立柱内的乳化液，而不是活塞杆。

根据式（4.4）及式（4.5），可以做出表4-1中1080t、1500t、1880t、2600t各个支架的刚度曲线随乳化液高度的变化规律，见图4-4。显而易见，乳化液高度（支撑高度）越小，支架刚度越大；比较3条曲线，"支架额定阻力越大，刚度也越大"这一结论再次得到验证。

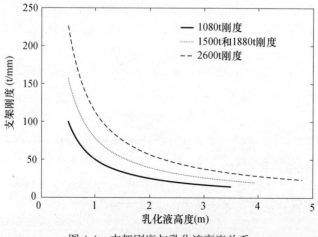

图 4-4　支架刚度与乳化液高度关系

支架工况可以采用以下 3 个参数进行分析：完成升架后的主动初撑力 F_A、顶板收敛过程中的被动增阻量 F_P、移架前的余量阻力 F_R（额定工作阻力 F_C 减去移架前的工作阻力 F_T）。其中余量阻力 F_R 可以用式（4.6）表达：

$$F_R = F_C - F_T = F_C - (F_A + F_P) = F_C - (F_A + k_{shield} \cdot L_1) \quad (4.6)$$

式中，F_R 为移架前的余量阻力，额定阻力 F_T 减去移架前的工作阻力 F_T；F_C 为支架额定工作阻力；F_T 为移架前支架工作阻力，为初撑力 F_A 与增阻量 F_P 之和；F_A 为完成升架后支架提供的主动初撑力；F_P 为顶板收敛过程中支架产生的被动增阻量；L_1 为支架立柱液压缸内乳化液的高度。

以上参量中，支架增阻量取决于支架刚度和顶底板移近量。然而，从图 4-4 可以看出，支架刚度是随着立柱乳化液高度降低的变量，因此计算支架刚度时，应首先确定支架立柱的乳化液高度（支撑高度）。

表 4-2 列出了在某一特定支撑高度下的支架刚度。其中，立柱乳化液的高度 L_1 由支架支撑高度减去支架完全收缩时的最小高度计算。值得注意的是，在某一特定支撑高度下，相比于额定阻力较大（2600t）且立柱直径较大（600mm）的 ZY26000/40/88D 型液压支架，额定阻力较小（1500t）且立柱直径较小（400mm）的 ZY15000/33/72 型液压支架却有较大的刚度。这说明支架刚度并不是一个定值，而是一个瞬时变量；立柱直径及乳化液高度（或支撑高度）均对支架的实时刚度有一定影响。

表 4-2　一定支护高度下的支架刚度及煤壁屈服时的支架增阻

支架型号	支架最低高度（m）	支护高度（m）	乳化液高度[①]（m）	支架刚度（t/mm）	煤壁屈服时收敛高度（mm）	煤壁屈服时增阻[②]（t）
ZY10800/28/63D	2.8	5.8	3.0	16.8	$5.8 \times 10^3 \times 0.5\% = 29$	487.2
ZY15000/33/72	3.3	6.3	3.0	26.2	$6.3 \times 10^3 \times 0.5\% = 31.5$	825.3
ZY18800/32.5/72D	3.25	6.8	3.55	22.2	$6.8 \times 10^3 \times 0.5\% = 34$	754.8
ZY26000/40/88D	4.0	8.5	4.5	25.1	$8.5 \times 10^3 \times 0.5\% = 42.5$	1066.75

① 乳化液高度由当前支撑高度减去最小支撑高度计算得出；
② 煤壁屈服时的支架增阻量由支架刚度乘以煤体屈服时的煤壁压缩量计算得出。

为评估支架的工作性能，假设在顶板作用下 4 个支架的收敛量均为 15mm，相应地，支架所产生的增阻量为支架刚度与收敛量之积，如图 4-5 所示。图中分别给出了 4 个支架的初撑力、收敛量为 15mm 时支架所对应的增阻量、余量阻力、额定阻力。一些学者认为支架工作阻力越大，则围岩支护效果越好。然而合理的采场支护要求为在取得较好的围岩控制效果的同时，支架不产生过多的载荷甚至机械损坏，因此并不能简单地追求过大的支架工作阻力，或干脆用尽余量阻力，这对支架甚至顶板都有一定损伤。从这个角度来看，图 4-5 中 1080t 支架和 1500t 支架的余量阻力不足，这两个支架并不能很好地适应围岩压力及变形条件，尤其是1500t液压支架的余量阻力已经用尽，这是由于初撑力设置不合理造成的，初撑力占到了额定工作阻力的82.5％；另外，这一支架产生了393t的增阻量，为4个支架中的最大增阻量，这是因为该支架在较低的支护高度下具有较大的支架刚度（表4-2）。该支架应用于王庄煤矿8101大采高工作面，生产过程中煤壁片帮严重，可能是支架与围岩的不匹配导致的。相对来说，1880t及2600t支架分别产生了333t及377t增阻量，而余量阻力分别为310t和245t。这两个余量阻力分别能继续容纳14mm和9.8mm的顶板或支架收敛量空间。

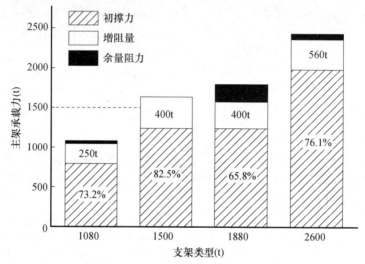

图4-5　不同型号支架在15mm收敛下的额定阻力、增阻量、余量阻力对比

现场实践表明，无论生产期间或检修期间，支架始终处于不断收敛变形的过程中，顶板变形几乎是不可抵抗的，因此有理由相信顶板压力始终大于支架阻力，顶板载荷和支架阻力是一对不平衡作用力，顶板与支架处于"亚平衡"状态。而余量阻力的意义就在于提高了处于亚平衡状态中的支架的安全性——余量阻力越多，余量阻力用尽的时间就越长，在余量阻力用尽之前，生产就进入下一个循环。显然，从这一点来看，2600t支架具有较大的优势，这可能是支架额定阻力越大越好的观念在煤炭行业普遍被认可的原因。

煤试件的单轴压缩试验表明，当轴向应变达到0.5％时，试件开始屈服变形。这里就简单假设煤壁屈服阈值同样为应变值达到0.5％。也就是说，对于5.8m的大采高工作面（对应表4-2中的支架ZY10800/28/63D），当煤壁垂直变形为5.8m×0.5％＝29mm时煤壁屈服；此时支架立柱同样有29mm左右的收敛（不考虑立柱倾斜角度等因素），并产生487.2t的被动增阻。同理，对其他3个支架计算煤壁屈服时的垂直变形量及对应的支架增阻量，如表4-2所示。显而易见，控制煤壁屈服的支架增阻量过大，目前液压支架尚难以提供，因此煤壁屈服难以避免。通常情况下，煤壁屈服进一步演化为煤壁片帮，这一现象在大采高工作面尤为普遍。

4.2.4　支架漏液屈服

考虑到顶板收敛的不可控性，在极端情况下，支架为应对顶板过度收敛，在一个支护循环中可能会发生多次漏液屈服现象，因此有必要对支架的漏液屈服机制进行分析。

当支架以初撑力对顶板提供主动支撑后，随着顶板不可避免地收敛，立柱液压缸里的乳化液受到挤压，支架开始增阻并提供被动支撑。然而，随着顶板下沉（尤其是来压期间的顶板冲击事故），很有可能导致支架立柱内油压超过安全阀的屈服压力阈值。为保护支架立柱不受机械损害，安全阀短暂开启，通过漏液释放高于屈服阈值的顶板压力，此后支架安全阀迅速关闭，这一过程安全阀由屈服压力降低到回座压力，这里称为支架漏液屈服阶段。在这一阶段中，立柱内的油压降低幅度一般为额定阻力的 10%，也就是说支架的回座压力为额定工作阻力的 90%，此后安全阀关闭，支架重新开始增阻，直到再次触发支架泄压。与此同时，伴随着支架漏液屈服阶段，立柱对应地会有一定的收缩量，这里采用简单的公式来计算支架屈服时的立柱收敛量。

将式（4.2）表达为立柱乳化液在支架屈服阶段的体积变化梯度 ΔV，即

$$\Delta V = -V \frac{\Delta p}{K}$$

式中，ΔV 为支架屈服阶段立柱内乳化液增量；Δp 为支架屈服阶段乳化液油压增量，即安全阀屈服压力减去回座压力。

支架漏液屈服阶段，顶梁的收敛 Δl 及其对应的支架降阻量 ΔF 可表达为

$$\Delta l = \frac{\Delta V}{A} = -\frac{\Delta p}{K} \frac{V}{A} = -\frac{\Delta p}{K} l \tag{4.7}$$

$$\Delta F = k_{\text{shield}} \cdot \Delta l \tag{4.8}$$

式中，Δl 为支架屈服阶段立柱内液体高度的降低值或顶梁收敛量；ΔF 为支架屈服阶段的降阻量；A 为立柱横截面面积；l 为支架屈服前立柱内乳化液的高度。

从式（4.8）可以看出，在支架屈服阶段，顶梁收敛与立柱内油压变化及液体高度成正比，然而立柱的横截面面积对顶梁收敛量并没有影响。换句话说，漏液屈服阶段支架，回座压力和支撑高度对支架收敛及降阻具有较大影响。

这里假设支架安全阀开启后，回座压力为额定阻力的 90%，根据式（4.7）和式（4.8），表 4-3 给出了 4 种型号的支架漏液屈服期间的顶梁收敛量和支架降阻量。可以看出，支架安全阀开启后，顶梁（或顶板）下降高度为 5～10mm，支架降阻 100～250t；另外，可以计算出每当支架降阻 100t，顶板下沉量为 4～6mm，且支架刚度越小，顶板下沉量也越小。

表 4-3　支架漏液屈服时的立柱收敛及降阻

支架型号	额定压力（MPa）	支架最低高度（m）	支护高度（m）	液压油高度（m）	支架漏液屈服时立柱收敛量（mm）	支架漏液屈服时立柱降阻量（t）	每100t压力作用下立柱收敛量（mm）
ZY10800/28/63D	43.0	2.8	5.8	3.0	6.45	108.4	5.95
ZY15000/33/72	38.2	3.3	6.3	3.0	5.73	150.1	3.82
ZY18800/32.5/72D	47.9	3.25	6.8	3.55	8.50	188.7	4.50
ZY26000/40/88D	46.0	4.0	8.5	4.5	10.35	259.8	3.98

4.3　本章小结

支架与围岩耦合作用关系是合理选择液压支架及提高围岩控制的前提。本章通过分析伸缩式两级液压缸支架立柱的活动规律及液压支架重要参数，进一步加深了支架与围岩相互作用关系的研究，包括伸缩式两级液压缸的液压操作原则、额定工作阻力、初撑力、支架刚度、支架漏液屈服等。其中，两级液压缸运动规则在以往研究中并不多见。

（1）升架时，一级液压缸首先开始伸展，当且仅当一级缸达到全部冲程时，二级缸才开始伸展；降架时，二级缸首先开始收缩，当且仅当二级缸达到0冲程时，一级缸才开始回缩。当下一个开采循环的采高不高于当前采高时，在移架过程中的降架、升架的操作，支架的升降全部由一级缸的伸缩来实现。

（2）通常情况下，屈服压力和泵站压力分别为40～45MPa和30～35MPa，一般通过增加立柱横截面面积来增大支架额定阻力和初撑力，或通过调整泵站压力来增大初撑力。一些研究成果频繁地建议增大初撑力能够有效控制工作面围岩稳定性，然而增大初撑力预示着支架可用的余量阻力降低，容易导致支架屈服甚至压架事故。合理初撑力的选择需要考虑特定矿井条件下的支架与围岩相互作用关系。

（3）工作面最有效的围岩控制效果为在下一个开采循环开始前，围岩变形收敛可控或者可接受，且支架没有过载或产生结构损害，而不是尽量用完全部的余量阻力。

（4）通常情况下，支架刚度与支架额定阻力成正比，这是因为两者都随立柱横截面面积的增大而增大。支架实时刚度随支架直径的增大而增大，随立柱内乳化液高度的增大而降低。当计算支架刚度时，活塞杆的长度并不计算在内。在相同顶板变形条件下，大刚度支架将产生更多的增阻量，而大额定阻力支架将富余更多的余量阻力以避免支架过载或机械损坏。

（5）支架安全阀的回座压力一般为额定阻力的90%，即支架一次屈服漏液表明支架降阻10%，顶梁下降5～10mm，对顶板的支撑力降低100～250t。其中支架每损失100t支撑力，立柱收敛4～6mm。

第5章 支架刚度对工作面煤壁 破坏的影响机制研究

液压支架刚度是采场系统刚度的重要组成部分,本章以工作面煤体及液压支架为弹性基础,根据弹性地基梁理论,建立了大采高工作面支架-煤壁系统刚度力学模型,求解了工作面前方煤体及支架的挠曲方程解析式,研究了支架刚度对工作面煤体、煤壁、液压支架垂直位移的影响规律。另外,本章在理论模型的基础上,设计了大采高工作面顶板-支架-煤壁三维相似模拟试验,研究了煤壁集中力、煤壁弯矩、支架刚度对煤壁稳定性、煤壁破坏特征、顶板下沉速率、煤壁水平位移等的影响规律。

5.1 大采高工作面支架-煤壁系统刚度力学模型

在工作面推进方向上的采场系统刚度关系中,由于采空区刚度的特殊性和复杂性,第4章通过数值模拟讨论了采空区刚度对工作面煤壁稳定性的影响,本章重点研究液压支架刚度对煤壁破坏的影响机制,不再考虑采空区刚度的作用。根据弹性地基梁理论,以煤壁上方为坐标原点,假设工作面前方实体煤、液压支架为弹性基础,工作面前后方的顶板为弹性地基梁,建立图 5-1 所示的大采高工作面支架-煤壁系统刚度力学模型,根据弹性地基梁的挠曲微分方程,分析液压支架刚度对工作面前方实体煤及液压支架变形的影响。

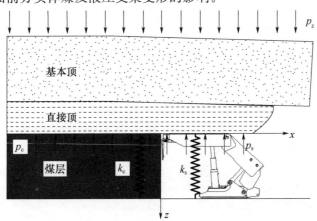

图 5-1 大采高工作面支架-煤壁系统刚度力学模型

图 5-1 中，p_z 为上覆岩层作用在弹性基础梁上的载荷，p_c 为工作面前方实体煤对梁产生的作用力，p_s 为工作面后方控顶区内液压支架对梁的作用力，z 为顶板岩梁的挠度。假设在载荷 p_z 的作用下煤壁处的下沉量为 z_0，根据弹性地基梁理论，液压支架上方及工作面煤体上方的顶板岩梁下沉方程分别为

$$EI\frac{\mathrm{d}^4z}{\mathrm{d}x^4}+k_s\cdot(z-z_0)=p_z \quad (x{\geqslant}0)$$

$$EI\frac{\mathrm{d}^4z}{\mathrm{d}x^4}+k_c\cdot z=p_z \quad (x<0)$$

(5.1)

式中，E 为顶板岩梁的弹性模量（MPa）；I 为顶板岩梁的惯性矩（m⁴）；k_s 为地基梁液压支架的地基系数（MPa/m）；k_c 为地基梁煤层的地基系数（MPa/m）。

式（5.1）的通解分别为支架上方顶板岩梁、煤层上方岩梁的下沉量，即

$$z_s=\mathrm{e}^{-\alpha x}(A_1\sin\alpha x+A_2\cos\alpha x)+\mathrm{e}^{\alpha x}(A_3\sin\alpha x+A_4\cos\alpha x)+\frac{p_z}{k_s}+z_0 \quad (x{\geqslant}0)$$

$$z_c=\mathrm{e}^{\beta x}(B_1\sin\beta x+B_2\cos\beta x)+\mathrm{e}^{-\beta x}(B_3\sin\beta x+B_4\cos\beta x)+\frac{p_z}{k_c} \quad (x<0)$$

(5.2)

式中，$\alpha=\sqrt[4]{\dfrac{k_s}{4EI}}$，$\beta=\sqrt[4]{\dfrac{k_c}{4EI}}$，$A_1$、$A_2$、$A_3$、$A_4$、$B_1$、$B_2$、$B_3$、$B_4$ 为待定参数。

当 $x\rightarrow\infty$ 时，顶板的下沉量趋于定值，因此上式可简化为

$$z_s=\mathrm{e}^{-\alpha x}(A_1\sin\alpha x+A_2\cos\alpha x)+\frac{p_z}{k_s}+z_0 \quad (x{\geqslant}0)$$

$$z_c=\mathrm{e}^{\beta x}(B_1\sin\beta x+B_2\cos\beta x)+\frac{p_z}{k_c} \quad (x<0)$$

(5.3)

根据顶板在煤壁处下沉量、斜率、应力相等，可求得式（5.3）中的待定参数 A_1、A_2、B_1、B_2：

$$A_1=\frac{\alpha-\beta}{\alpha+\beta}\cdot\frac{p_z}{k_s}$$

$$A_2=-\frac{p_z}{k_s}$$

(5.4)

$$B_1=\frac{\alpha^2}{\beta^2}\cdot\frac{\beta-\alpha}{\beta+\alpha}\cdot\frac{p_z}{k_s}$$

$$B_2=\frac{\alpha^2}{\beta^2}\cdot\frac{p_z}{k_s}$$

因此，工作面前方实体煤的挠曲线方程 z_c 为

$$z_c=\mathrm{e}^{\beta x}\left(\frac{\beta-\alpha}{\beta+\alpha}\sin\beta x+\cos\beta x\right)\frac{\alpha^2}{\beta^2}\frac{p_z}{k_s}+\frac{p_z}{k_c}$$

(5.5)

工作面煤壁处的下沉量 z_0 为

$$z_0=\frac{\alpha^2}{\beta^2}\frac{p_z}{k_s}+\frac{p_z}{k_c}$$

(5.6)

液压支架的挠曲线方程 z_s 为

$$z_s = e^{-\alpha x}\left(\frac{\alpha-\beta}{\alpha+\beta}\sin\alpha x - \cos\alpha x\right)\frac{p_z}{k_s} + \left(1+\frac{\alpha^2}{\beta^2}\right)\frac{p_z}{k_s} + \frac{p_z}{k_c} \tag{5.7}$$

根据式（5.5），取顶板载荷 p_z 为 10MPa，顶板弹性模量 E 为 20GPa，惯性矩 I 为 144m⁴，煤层地基系数为 0.4GPa/m，绘制工作面前方煤体垂直位移随支架刚度的变化曲线，如图 5-2 所示。可以看出，随着液压支架刚度 k_s 的增大，工作面前方煤体的垂直位移 z_c 逐渐减小。在距离煤壁 2m 处，当液压支架刚度为 10MPa/m 时，煤体垂直位移为 160mm；当液压支架刚度增加到 80MPa/m 时，煤体的垂直位移迅速降低为 80mm 左右；随着液压支架刚度的进一步增大，煤体垂直位移逐渐趋于稳定。当液压支架刚度一定时，在工作面前方距离工作面越远，煤体的垂直位移越小，例如当液压支架刚度为 40MPa/m 时，工作面前方 1m 位置处垂直位移为 100mm 左右，而工作面前方 5m 位置处煤体的垂直位移为 80mm 左右。

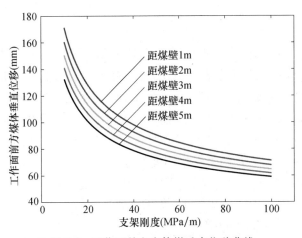

图 5-2　工作面前方实体煤垂直位移曲线

根据式（5.6），取顶板载荷 p_z 为 10MPa，煤层的地基系数变化范围为 0.2～0.6GPa/m，液压支架的刚度变化范围为 10～100GPa/m，工作面煤壁的垂直位移 z_0 与液压支架刚度 k_s 的关系曲线如图 5-3 所示。随着支架刚度的增大，工作面煤壁垂直位移逐渐减小，并最终趋于稳定。以煤层地基系数 $k_c=0.4$GPa/m 为例，当支架刚度为 10MPa/m 时，煤壁垂直位移为 160mm 左右；当支架刚度增加到 80MPa/m 时，煤壁垂直位移迅速减小至 60mm 左右。随着支架刚度的进一步增大，煤壁的垂直位移进一步减小，但支架对煤壁垂直位移的抑制作用逐渐减弱，当支架刚度增加到 100MPa/m 时，煤壁的垂直位移稳定在 50mm 左右。煤壁垂直位移与煤层的地基系数呈负相关，即相同支架刚度条件下，随着煤层地基系数的增大，煤壁垂直位移逐渐减小。液压支架刚度为 40MPa/m 条件下，当煤层地基系数为 0.2GPa/m 时，煤壁垂直位移为 130mm 左右；当煤层地基系数增加到 0.6GPa/m 时，煤壁垂直位移减小到 60mm 左右。

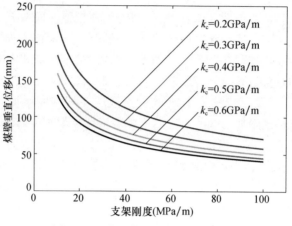

图 5-3　工作面煤壁压缩量变化曲线

　　根据式（5.7），取顶板载荷 p_z 为 10MPa，顶板弹性模量 E 为 20GPa，惯性矩 I 为 144m⁴，煤层地基系数为 0.4GPa/m。随着支架刚度 k_s 的增大，支架活柱回缩量 z_s 的变化曲线如图 5-4 所示。总体来看，随着支架刚度的增大，支架活柱回缩量逐渐减小。在支架距煤壁 3m 处，当支架刚度为 10MPa/m 时，支架立柱回缩量为 270mm 左右；当支架刚度增加到 80MPa/m 时，液压支架活柱回缩量迅速降低为 120mm 左右；随着支架刚度的进一步增大，其活柱回缩量的减小不再明显。在支架刚度一定的情况下，距离工作面越远，支架活柱回缩量越大，当支架刚度为 40GPa/m 时，距煤壁 1m 处的支架下沉量为 120mm 左右，而距煤壁 5m 处的支架下沉量为 160mm 左右。

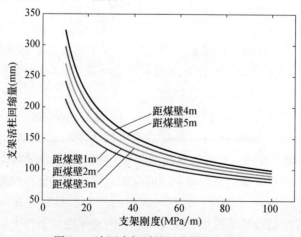

图 5-4　液压支架活柱回缩量变化曲线

因此，根据支架-煤壁系统刚度力学模型，增加液压支架刚度、提高煤层地基系数，有利于减小工作面煤体及液压支架的变形，减小煤壁中聚集的能量，从而减缓煤壁片帮现象。但当支架刚度增加到一定程度后，对煤壁和支架活柱变形的控制作用逐渐减弱。

5.2　大采高工作面顶板-支架-煤壁三维相似模拟试验

关于煤壁片帮的物理模拟试验较为少见，郭卫彬以二维平面物理模型为基础，研究了液压支架初撑力、支架位态、工作面节理裂隙倾角、方位角、节理间距等因素对煤壁稳定性的影响。然而二维相似模拟试验的几何相似比相对较小，因此模型中工作面空间尺寸小，观测煤壁破坏过程比较困难。孔德中开发了一种工作面煤壁稳定性三维相似模拟试验台，增加了工作面实际尺寸，便于试验过程中观测煤壁破坏特征，并利用液压加载系统对工作面煤壁相似模拟材料进行加压，监测液压支架工作阻力及煤壁在受载过程中的变形和破坏特征，系统地研究了不同采高、液压支架工作阻力、煤体力学强度下的煤壁破坏情况及煤壁片帮发生时的临界顶板压力。

根据第 2 章的煤壁稳定性力学模型及本章的大采高工作面支架-煤壁系统刚度力学模型可知，煤壁集中力、煤壁弯矩、液压支架刚度是影响煤壁稳定性的重要因素，因此本章通过设计煤壁稳定性三维相似模拟试验，旨在研究工作面煤壁在各影响因素作用下的煤壁破坏特征、煤体水平位移、顶板下沉量等变化规律，为煤壁稳定性控制、工作面液压支架设计提供了参考和依据。

5.2.1　大采高工作面顶板-支架-煤壁三维相似模拟试验设计

（1）三维相似模拟试验台及数据监测设备

本试验所采用的三维相似模拟试验台外部净尺寸为长×宽×高＝1.5m×0.8m×1.3m，试验箱体即工作面煤体相似材料模型尺寸为长×宽×高＝0.8m×0.8m×0.8m。试验以王庄煤矿 8101 大采高工作面为工程背景，相似材料采用沙子、石膏、石灰、水按照一定的质量比，配制具有一定强度的煤体，其中沙子：石膏：石灰＝9：5：5，水的质量设计为总重的 7％。设几何相似比为 1：10，动力相似比为 1：1.6，模拟工作面采高为 5m。

为有效监测煤壁受载过程中工作面煤体的变形特征，试验采用具有无线收发功能的位移监测系统记录煤壁加载过程中的水平位移，该位移监测系统最大的特点是实现了煤壁位移的实时监测和位移数据的无线传输。位移监测系统包括采集设备、中转设备、接收设备，如图 5-5 所示。试验过程中首先将位移采集设备埋设至煤体中，在煤体受载过程中实时记录煤体的水平位移，并通过中转设备和蓝牙设备，将煤壁水平位移数据无线传输至数据接收设备。具体设备型号及试验参数如下：

① 数据采集设备为 WXY15M-200-R1 型拉绳式位移传感器，模型铺设时将 3 个位移传感器埋设在模型中，埋设位置为工作面中间位置、距煤壁 5cm 处，位移传感器 1 距底板高度为 42cm，位移传感器 2 距底板高度为 34cm，位移传感器 3 距底板高度为 26cm；

② 中转设备与位移传感器通过 nRF24L01 型高速无线收发模块连接；

③ 接收设备与中转设备通过蓝牙连接。

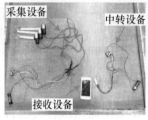 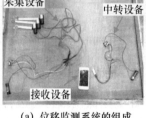 

(a) 位移监测系统的组成　　(b) 位移传感器的埋设　　(c) 数据接收系统

图 5-5　工作面煤体位移监测系统

试验过程中，位移传感器采集的煤壁水平位移数据通过中转设备传输到接收设备，实现了煤壁位移数据的无线传输和实时监测。位移传感器每隔 10s 采集一次数据。

试验过程中，采用分离式液压加载系统（顶板千斤顶）模拟顶板对工作面煤壁进行加载，采用千斤顶模拟液压支架（支架千斤顶）。顶板载荷和支架阻力分别通过顶板千斤顶和支架千斤顶表盘读数读取，顶板下沉量由游标卡尺测量。试验过程中，顶板千斤顶对煤壁每完成一次加载后，记录一次液压支架千斤顶表盘读数和顶板下沉量游标卡尺读数。

（2）三维相似模拟试验设计

为研究工作面煤壁集中力、煤壁弯矩、液压支架刚度对工作面煤壁稳定性的影响，这里设计了 5 台三维相似模拟试验，如图 5-6 所示。在图 5-6（a）中，顶板千斤顶集中安装在工作面煤壁上方位置，模拟无支架作用下煤壁集中力对煤壁稳定性的影响；图 5-6（b）中，顶板千斤顶均匀布置在煤层上方，且在悬露顶板上部添加一个千斤顶，模拟无支架作用下煤壁弯矩对煤壁稳定性的影响；图 5-6（c）、图 5-6（d）、图 5-6（e）分别模拟了 3 种不同刚度的液压支架，研究不同液压支架刚度对工作面煤壁的控制作用。

为确定相似模拟试验中 3 个液压支架的刚度，采用压力试验机对液压支架千斤顶进行了刚度测试，如图 5-7 所示。其中，液压支架 1 为单个 FCY-10100 型千斤顶，油缸内径为 45mm，有效面积为 15.9cm²；液压支架 2 为两个 FCY-10100 型千斤顶；液压支架 3 为单个 FCY-20100 型千斤顶，油缸内径为 65mm，有效面积为 33.2cm²。

(a) 煤壁集中力

(b) 煤壁弯矩

(c) 液压支架1

(d) 液压支架2

(e) 液压支架3

图 5-6　煤壁稳定性三维相似模拟试验铺设

(a) 液压支架1

(b) 液压支架2

(c) 液压支架3

图 5-7　相似模拟支架刚度测试

液压支架的刚度曲线如图 5-8 所示。可以看出，液压支架 1 的刚度最小，为 11.78MN/m；由于液压支架 2 是由两个型号相同的液压支架 1 的千斤顶所构成，其支架刚度约为液压支架 1 的两倍，为 22.18MN/m；液压支架 3 的刚度最大，为 34.85MN/m。

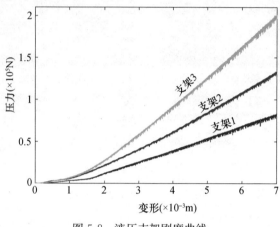

图 5-8　液压支架刚度曲线

5.2.2　煤壁集中力对煤壁稳定性的影响

通过将顶板千斤顶集中布置在工作面煤壁附近的顶板上方，模拟煤壁所受的集中力，在煤壁集中力的作用下，煤壁变形及破坏特征如图 5-9 所示。在顶板千斤顶加载初期，工作面上部首先出现一条裂缝 [图 5-9 (a)]，裂缝不断扩展并发生了煤壁局部层状片落，片落高度为 5cm 左右 [图 5-9 (b)]。在顶板的持续压力下，煤壁片落范围逐渐增大 [图 5-9 (c)]，并在煤壁右上部产生新裂隙 [图 5-9 (d)]。当顶板压力增加到一定程度后，煤壁表面不再出现裂隙，但煤壁在顶板的挤压作用下向外部鼓出，此时煤壁具有发生大面积片落的危险和倾向 [图 5-9 (e)]。当煤壁所承受的压力进一步增大后，整个煤壁发生了大面积片落 [图 5-9 (f)]。

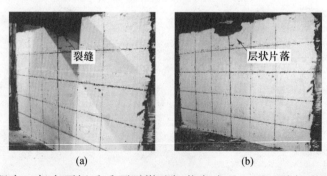

(a)　　　　　　　　　　　　(b)

试验过程中，每次顶板千斤顶对煤壁加载完成后，通过游标卡尺记录顶板下

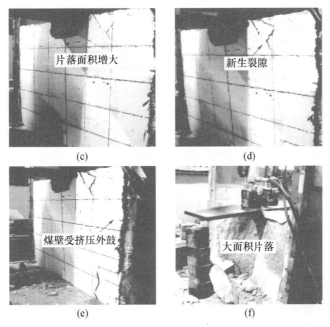

图 5-9　煤壁集中力作用下煤壁变形、破坏特征及演变规律

沉量，如图 5-10 所示。随着煤壁压力的增大，顶板下沉量迅速增加。在煤壁受载初期（14 次以前），顶板下沉速率较小；煤壁受载后期（14 次以后），顶板下沉速率显著增大。当顶板千斤顶加载 14 次时，顶板下沉量为 10mm 左右；当顶板千斤顶加载 18 次时，顶板下沉量达到了 20mm 左右；当顶板加载次数达到 22次时，煤壁发生大面积片落，此时顶板最大下沉量为 27mm 左右。

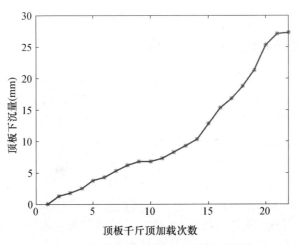

图 5-10　加载过程中顶板下沉量变化曲线

顶板加载过程中，工作面不同高度的煤体水平位移如图 5-11 所示。其中 1 号传感器距底板高度为 42cm，2 号传感器距底板高度为 34cm，3 号传感器距底板高度为 26cm。不难看出，在煤壁受载初期，煤体的水平位移均为 0，即未发生明显的水平位移，其中 1 号传感器由于靠近顶板，在顶板压力的作用下水平位移波动较大，2 号、3 号传感器水平位移相对平稳。当煤壁加载 1400s 后，煤体水平位移开始缓慢增长，其中 1 号、2 号传感器煤体水平位移增长速率较大，3 号传感器煤体水平位移仅有略微增长。煤壁发生大面积片落后，1 号传感器的最大水平位移为 3.5mm 左右，2 号传感器最大水平位移为 2mm 左右，3 号位移传感器最大水平位移为 0.5mm 左右。煤体水平位移从开始增长到煤壁发生整体片落所经历的时间大致为 200s。

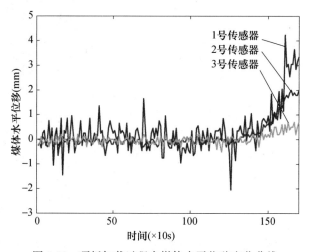

图 5-11　顶板加载过程中煤体水平位移变化曲线

5.2.3　煤壁弯矩对煤壁稳定性的影响

将顶板千斤顶均匀布置在工作面煤体上部，并在顶板悬露部分增设一个千斤顶，模拟顶板对工作面煤壁的弯矩作用。煤壁在弯矩作用下的变形及破坏特征如图 5-12 所示。在顶板加载初期，工作面上部首先出现裂缝［图 5-12（a）］，并伴有煤壁局部剥落现象［图 5-12（c）］。随着煤壁弯矩的增大，在工作面左、右两侧均出现长度较大的裂缝［图 5-12（e）］，裂缝从工作面中上部开始发育，向下延伸至工作面左右边界，此后，裂隙在顶板弯矩作用下进一步发育，且工作面右侧出现横向裂缝并发生裂缝贯通［图 5-12（g）］。从工作面顶部来看，煤壁在顶板加载初期即出现纵向裂隙［图 5-12（b）］，在煤壁弯矩的持续作用下，纵向裂缝张开度不断增大［图 5-12（d）］，工作面煤壁严重外鼓［图 5-12（f）］，并最终发生煤壁大面积片落［图 5-12（h）］。

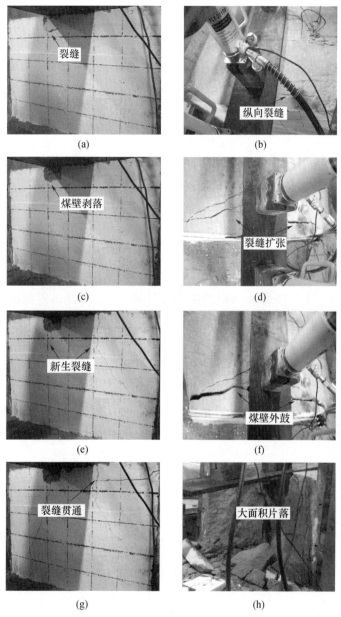

图 5-12　煤壁在弯矩作用下破坏特征演变规律

煤壁受载过程中，顶板下沉量变化曲线如图 5-13 所示。同样，顶板下沉量随着顶板千斤顶加载次数的增大迅速增大，且煤壁受载初期顶板下沉速率较快，此后顶板下沉逐渐放缓。当顶板加载 15 次时，顶板下沉量达到 25mm 左右；当顶板加载次数达到 20 次时，顶板下沉量为 29mm 左右；当顶板加载 26 次时，煤壁发生大面积片落现象，此时顶板最大下沉量为 35mm。

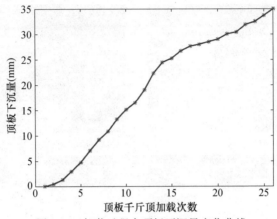

图 5-13　加载过程中顶板下沉量变化曲线

在顶板弯矩作用下，工作面煤体水平位移变化如图 5-14 所示。值得注意的是，一般情况下煤壁上部位移较大，而煤壁下部位移较小，然而试验中位于工作面上部的 1 号传感器水平位移最小，这与实际情况不符，原因可能是传感器埋设安装过程中出现了问题，因此这里只分析 2 号、3 号传感器的水平位移。在煤壁受载初期，煤体水平位移基本为 0，当试验进行到 600s 时，煤体水平位移开始缓慢增长，其中2 号传感器的水平位移增长速率明显大于 1 号传感器。当煤壁发生大面积片落时，2 号传感器的煤体最大水平位移为 9mm 左右，3 号传感器最大水平位移为 7mm 左右。煤壁水平位移从开始增长到煤壁整体片落所经历的时间大致为 500s。

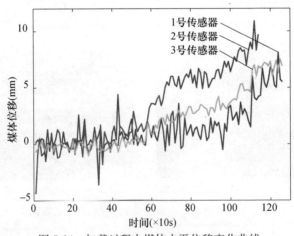

图 5-14　加载过程中煤体水平位移变化曲线

5.2.4　液压支架刚度对煤壁稳定性的影响

为研究不同液压支架刚度对煤壁稳定性的影响，在工作面前方布置了不同刚度的液压支架千斤顶，采用顶板千斤顶通过顶板对煤壁和液压支架加载。为避免液压支架工作阻力在顶板加载过程中持续增长，当液压支架千斤顶读数达到一定值，即试验设定的液压支架额定工作阻力时，手动开启支架千斤顶液压阀进行卸载；液压支架完成卸载后，顶板千斤顶继续对工作面煤壁及液压支架加载，直到支架千斤顶再次达到额定工作阻力，然后再次进行卸载，如此反复，模拟现场恒阻式液压支架工况。由于本试验主要研究液压支架刚度对煤壁稳定性的影响，故试验过程中对液压支架加载和手动卸载时，应尽量保证液压支架 1、2、3 具有相同的额定工作阻力。

(1) 液压支架 1 条件下煤壁破坏特征

在液压支架 1 条件下，煤壁受载过程中的变形与破坏情况如图 5-15 所示。在顶板千斤顶加载初期，煤壁保持较好的完整性，分别在工作面两侧发育了长度较大的裂隙，其中工作面右侧有 1 条裂隙，从工作面中部延伸至煤壁右侧边界，裂隙横贯工作面高度为 300mm 左右 [图 5-15 (a)]；工作面左侧发育 2 条裂隙，从工作面中部向工作面左侧边界延伸，裂隙横贯工作面高度同样为 300mm 左右 [图 5-15 (c)]。随着工作面顶板继续下沉，左侧煤壁裂隙扩展明显，裂隙条数增加，且裂隙长度、张开度、深度也不断加大 [图 5-15 (e)、图 5-15 (g)]。在工作面顶部，随着顶板千斤顶的加载，首先在右侧煤壁上方出现 1 条垂直于煤层的纵向裂隙 [图 5-15 (b)]，裂隙距煤壁最大深度为 50mm，且裂隙张开度随着顶板压力的加大而不断增大 [图 5-15 (d)]。在顶板压力的进一步作用下，煤层顶部纵向裂隙进一步扩展，煤壁受压外鼓，水平位移变化明显 [图 5-15 (f)]，当横贯工作面的裂隙与纵向裂隙发生贯通后，煤壁发生大面积片落现象 [图 5-15 (h)]。

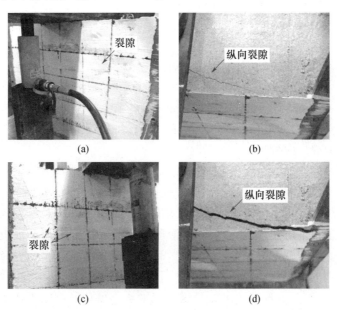

(a)　　　　　　　　　　　(b)

(c)　　　　　　　　　　　(d)

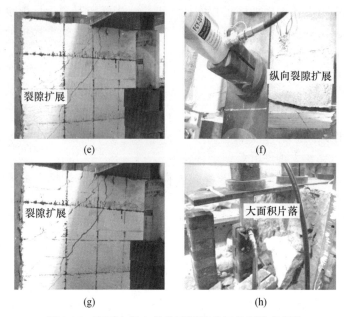

图 5-15　液压支架 1 条件下煤壁破坏特征演变规律

　　试验过程中，顶板千斤顶每次加压完成后记录一次液压支架千斤顶表盘读数和游标卡尺读数，液压支架工作阻力随加载次数的变化规律如图 5-16 所示。可以看出，液压支架初撑力为 7kN 左右，为避免支架工作阻力持续增长，当液压支架工作阻力达到 29kN 左右时，手动对支架千斤顶液压阀卸载，当工作阻力减小至 24kN 左右时，停止卸载并通过顶板千斤顶继续对煤壁和液压支架加载，试验过程中对支架千斤顶进行了 8 次卸载，顶板千斤顶加载总次数为 81 次。

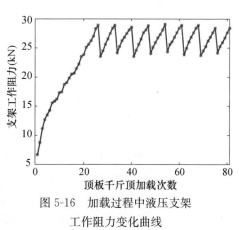

图 5-16　加载过程中液压支架
工作阻力变化曲线

　　相对应，煤壁加载过程中顶板下沉量变化曲线如图 5 17 所示。在煤壁受载初期（顶板千斤顶前 26 次加载），随着顶板千斤顶的不断加载，支架工作阻力不断增大，顶板下沉量也缓慢增长。支架增阻期间顶板下沉缓慢，支架千斤顶第一次卸载前，顶板下沉量仅为 3.1mm，液压支架第一次卸载后，顶板下沉量出现跳跃式增长，由卸载前的 3.1mm 增加至卸载后的 8.4mm；此后，顶板下沉量随着顶板千斤顶的增阻缓慢增长；但顶板下沉量随着液压支架的卸载呈跳跃式增长，下沉梯度为 5mm 左右。也就是说，当液压支架达到额定工作阻力并开启泄压阀时，顶板出现较大的下沉，工作面煤壁出现大量横贯裂隙和纵向裂隙并迅速扩展。当工作面发生煤壁大面积片落时，顶板的最大下沉量为 47mm 左右。

工作面不同高度上的煤体水平位移如图 5-18 所示。可以看出，1 号传感器距离顶板最近，其水平位移波动较为剧烈，2 号、3 号传感器水平位移数据相对较平稳。煤壁加载初期，煤体水平位移基本为 0；试验进行 1600s 后，随着顶板压力及顶板下沉量的增大，煤体水平位移开始逐渐增长，且工作面上部煤体水平位移大于下部煤体水平位移；当试验进行到 2800s 时，煤体水平位移突然增大，直至煤壁发生大面积片落，此时，1 号传感器最大水平位移为 17.5mm，2 号传感器最大水平位移为 14mm，3 号传感器最大水平位移为 11mm。煤体水平位移从开始增长到发生煤壁整体片落的时间间隔大致为 1200s。

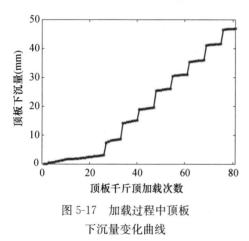

图 5-17　加载过程中顶板
下沉量变化曲线

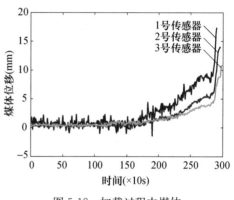

图 5-18　加载过程中煤体
水平位移变化曲线

（2）液压支架 2 条件下煤壁破坏特征

液压支架 2 的条件下，煤壁变形及破坏特征随顶板加载的变化及发展规律如图 5-19 所示。在煤壁加载初期，工作面左、右侧均出现微裂隙［图 5-19（a）、图 5-19（b）］，随着顶板压力的增大，微裂隙逐渐扩展，在工作面左侧形成 2 条较为发育的裂隙［图 5-19（c）］，而在工作面右侧裂隙条数为 3 条［图 5-19（d）］。煤壁进一步受载后，工作面左、右两侧各出现 1 条深度、张开度较大的裂隙［图 5-19（e）、图 5-19（f）］，其中工作面右侧出现多条裂隙，并相互贯通，因此右上部工作面在裂隙切割下相对破碎。当煤壁压力达到一定程度后，左侧工作面在 2 条发育裂隙的切割下首先发生局部片落现象［图 5-19（g）］，而后右侧工作面在多条发育裂隙的切割作用下也出现煤壁局部片落现象［图 5-19（h）］，但工作面未出现煤壁大面积片落现象。值得注意的是，由于液压支架 2 采用 2 个千斤顶模拟，故千斤顶有可能存在受载不均的情况，使得工作面左、右侧煤壁裂隙及破坏情况不对称，其中右侧裂隙发育长度大，局部片落范围广。相比于液压支架 1，煤壁在液压支架 2 作用下的稳定性有所提高。

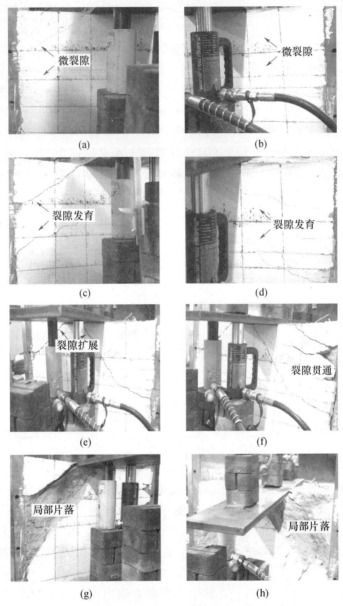

图 5-19　液压支架 2 条件下煤壁破坏特征演变规律

　　随着顶板千斤顶的加载，液压支架工作阻力的变化曲线如图 5-20 所示。可以看出，支架初撑力为 9kN 左右，当工作阻力增加到 31kN 左右时，支架千斤顶卸载，工作阻力降低为 25kN 左右，重复加载和卸载过程，并尽量将支架千斤顶工作阻力维持在 25～31kN。试验中顶板千斤顶的总加载次数为 86 次，卸载次数为 8 次。

相对应，顶板下沉量的变化趋势如图 5-21 所示。煤壁加载初期（顶板千斤顶加载前 36 次），顶板下沉缓慢，液压支架第一次卸载前，顶板下沉量仅为 2mm；此后，随着顶板千斤顶的加载，顶板下沉量在支架增阻期间缓增长，但当支架千斤顶卸载时，顶板下沉量呈现阶梯状增长趋势，顶板下沉梯度为 3～3.5mm。煤壁发生局部片落后，顶板的最大下沉量为 35mm 左右。相比于液压支架 1，液压支架 2 支护条件下顶板下沉速率、顶板下沉梯度、顶板最大下沉量均在一定程度上有所减小。

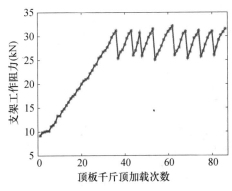

图 5-20　加载过程中液压支架工作阻力变化曲线

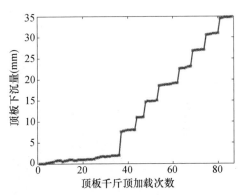

图 5-21　加载过程中顶板下沉量变化曲线

　　工作面不同高度上煤体水平位移如图 5-22 所示。在煤体最大水平位移出现之前，3 个位移传感器的水平位移量相差无几。在试验进行到 2000s 以前，工作面煤体水平位移基本为 0，随后水平位缓慢增长。当试验进行到 2800～3500s 之间时，煤壁水平位移在 3mm 左右停留了较长一段时间，这是由于试验因故暂时停滞造成的。当煤壁加载 4000s 以后，煤壁水平位移突然出现较大增幅，此时煤壁左侧、右侧边界出现局部片落现象。煤壁发生局部片落后，1 号传感器最大水平位移为 15mm 左右，2 号传感器最大水平位移为 13.2mm 左右，3 号传感器最大水平位移为 11.5mm 左右。不计试验停滞时间，煤壁水平位移从开始增长到煤壁局部片落所经历时间为 1400s。

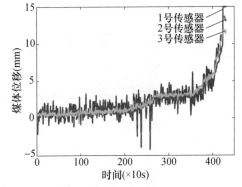

图 5-22　加载过程中煤体水平位移变化曲线

　　（3）液压支架 3 条件下煤壁破坏特征

　　液压支架 3 的条件下，顶板加载过程中煤壁的变形与破坏情况如图 5-23 所示。煤壁加载初期工作面具有较好的稳定性，煤壁微裂隙由工作面中部向工作面左、右边界发展 [图 5-23 (a)、图 5-23 (b)]。工作面左、右两侧的裂隙长度、深度、张开度等随着工作面顶板的加载不断增大 [图 5-23 (c)、图 5-23 (d)]，并逐渐贯通 [图 5-23 (e)、图 5-23 (f)]。由于液压支架 3 具有较大的刚度，因此顶板和支架油缸的下沉量均相对较小；当顶板加载到一定程度后，液压支架油缸虽然具有明显的回收，但煤壁破坏并不明显，仅在工作面上方左、右边界出现局部破坏情况，并未出现大面积片落现象，如图 5-23 (g)、图 5-23 (h) 所示。

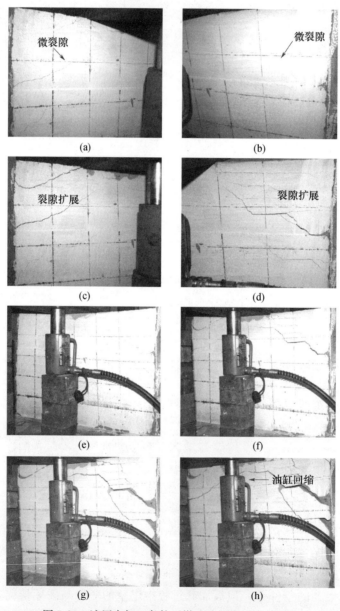

图 5-23　液压支架 3 条件下煤壁破坏特征演变规律

液压支架工作阻力随顶板千斤顶加载次数的变化曲线如图 5-24 所示。支架初撑力为 7kN 左右，当工作阻力增加至 32kN 左右时，手动对支架千斤顶卸载，支架工作阻力降低至 26.5kN。试验过程中尽量控制卸载前后支架工作阻力为 32kN 和 26.5kN 左右。试验结束时液压支架卸载次数为 8 次，顶板千斤顶加载总次数为 87 次。

相对应，试验过程中的顶板下沉量变化曲线如图 5-25 所示。在支架增阻初期（顶板千斤顶加载前 42 次），顶板下沉较为缓慢，在顶板千斤顶第 42 次加载时，顶板的下沉量为 3.6mm 左右；但液压支架第一次卸载后，顶板下沉显著，由卸载前的 3.6mm 增加至卸载后的 7.65mm；此后随着液压支架的每次卸载，顶板均有较明显的下沉，顶板下沉梯度为 2mm 左右。当顶板千斤顶加载 87 次（液压支架经过 8 次卸载）后，工作面煤壁仅在部分位置出现破碎现象，但未出现大面积或局部片落现象，顶板最大下沉量为 25.55mm 左右。由于液压支架 3 刚度最大，顶板下沉速率、下沉梯度及最大下沉量均得到有效控制。

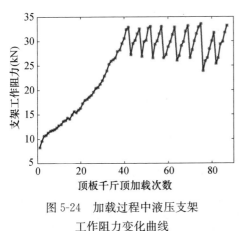

图 5-24　加载过程中液压支架
工作阻力变化曲线

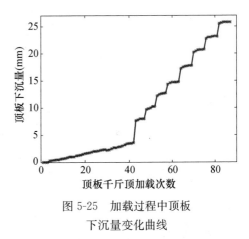

图 5-25　加载过程中顶板
下沉量变化曲线

不同工作面高度上的煤壁水平位移变化如图 5-26 所示。在煤壁加载 1500s 以前，3 个位移传感器所显示的煤体水平位移均为 0；试验进行了 1500s 后，随着顶板压力的增大，煤体水平位移开始缓慢增长，但 3 个位移传感器的水平位移相差并不大，其中位于煤壁上部的 1 号、2 号位移传感器位移略微大于 3 号位移传感器。煤壁加载 2000s 以后，煤壁水平位移有较大幅度的增长，但是由于液压支架 3 具有较大的刚度，因此顶板及煤壁的变形量均较小，虽然出现纵向裂缝，但煤壁破坏程度较轻，并未出现大面积片落。1 号位移传感器的最大水平位移最终稳定在 11mm 左右，2 号传感器的最大水平位移为 8.5mm 左右，3 号传感器的最大水平位移为 6.5mm 左右。相比于液压支架 1 和液压支架 2，液压支架 3 条件下的煤壁水平位移最小。煤壁水平位移从 1500s 以后开始增长，截至 2200s 试验结束时，煤壁未发生大面积片落现象。

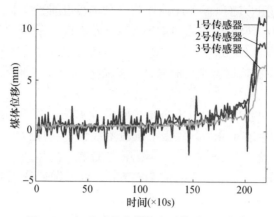

图 5-26　加载过程中煤体水平位移变化曲线

为更直观地比较煤壁集中力、煤壁弯矩、支架刚度对煤壁稳定性的作用，将煤壁水平位移、顶板下沉量、煤壁破坏特征汇总于表 5-1、表 5-2。

表 5-1　煤壁集中力、煤壁弯矩影响下相似模拟试验小结

研究对象	顶板千斤顶加载次数	顶板最大下沉量（mm）	煤壁水平位移（mm）			煤壁破坏情况	时间（s）
			1号传感器	2号传感器	3号传感器		
煤壁集中力	22	27	3.5	2	0.5	整体片落	200
煤壁弯矩	26	35	—	9	7	整体片落	500

注：表中时间代表煤壁位移开始增长到煤壁发生破坏所经历的时间。

表 5-2　支架刚度影响下相似模拟试验小结

研究对象	顶板千斤顶加载次数	顶板下沉（mm）		煤壁水平位移（mm）			煤壁破坏情况	时间（s）
		最大值	梯度值	1号传感器	2号传感器	3号传感器		
支架刚度1	81（26）	47	5	17.5	14	11	整体片落	1200
支架刚度2	86（36）	35	3～3.5	15	13.5	11.5	局部片落	1400
支架刚度3	87（42）	26	5	11	8.5	6.5	局部破碎	—

注：表中顶板千斤顶加载次数分别代表总加载次数及支架第一次增阻期间顶板千斤顶加载次数（括号中的数字）。

5.3　本章小结

本章基于弹性地基梁建立了大采高工作面支架-煤壁系统刚度力学模型，研究了支架刚度对工作面前方煤体垂直位移、工作面煤壁垂直位移、液压支架活柱回缩量的控制作用；将工作面顶板-支架-煤壁视为一个系统，设计了煤壁稳定性三维相似模拟试验，研究了煤壁集中力、煤壁弯矩、液压支架刚度作用下的煤壁

破坏特征、顶板下沉及煤体水平运移规律。

（1）在上覆岩层的压力作用下，工作面前方煤体垂直位移、工作面煤壁垂直位移及液压支架活柱回缩量与支架刚度呈非线性负相关。提高液压支架刚度，能够有效控制工作面煤体及液压支架的变形量，提高煤壁的稳定性；随着液压支架刚度的进一步增大，工作面煤体及液压支架变形量的减小速率逐渐放缓。

（2）根据大采高工作面顶板-支架-煤壁三维相似模拟试验，在煤壁集中力的作用下，当顶板千斤顶加载 22 次时，工作面煤体发生大面积片落，此时顶板最大下沉量为 27mm，顶板下沉量小，但顶板下沉速率大；1 号、2 号、3 号煤壁位移传感器的最大水平位移分别为 3.5mm、2mm、0.5mm，煤体水平位移小；煤壁水平位移从开始增长到煤壁整体片落所经历的时间为 200s 左右，煤壁片帮具有突发性。也就是说，当没有液压支架支护时，在煤壁集中力作用下，煤壁在短时间内累积较小的垂直位移和水平位移即可触发片帮事故。

（3）在煤壁弯矩的作用下，当顶板千斤顶加载 26 次时，工作面煤壁发生整体片落，此时顶板最大下沉量为 35mm，顶板下沉量较大，且顶板下沉速率较快；2 号、3 号位移传感器的最大水平位移分别为 9mm、7mm，煤体水平位移较大；煤壁水平位移从开始增长到煤壁整体片落的时间间隔为 500s 左右，煤壁片帮突发性较明显，即没有液压支架支护时，在煤壁弯矩作用下，煤壁在较短时间内累积足够的垂直位移和水平位移即可导致煤壁片帮。相对来说，煤壁集中力作用下的顶板下沉速率更大，煤壁片帮突发性更明显。

（4）在液压支架 1 的支护作用下，当顶板千斤顶加载 81 次后，煤壁大面积片落，顶板下沉速率较慢，尤其在煤壁加载初期支架增阻期间，顶板千斤顶加载 26 次时，顶板下沉量仅为 3.1mm 左右；顶板下沉主要出现在支架卸载期间，试验过程中支架经历了 8 次液压阀卸载，顶板呈现阶梯式下沉，每次卸载时顶板下沉梯度为 5mm 左右；片帮发生时顶板最大下沉量为 47mm，顶板下沉量大；1 号、2 号、3 号位移传感器的最大水平位移分别为 17.5mm、14mm、11mm，煤壁水平位移大；煤壁水平位移从开始增长到煤壁整体片落的时间间隔为 1200s，煤壁片帮突发性不明显，即在液压支架 1 的支护作用下，煤壁需在较长时间内累积较大的垂直位移和水平位移，才能引发煤壁片帮。

（5）在液压支架 2 的支护作用下，当顶板千斤顶加载 86 次后，煤壁发生局部片落现象，顶板下沉缓慢，特别是煤壁加载初期支架增阻期间，顶板千斤顶加载 36 次后，顶板下沉量仅为 2mm；而支架液压阀卸载期间顶板下沉较大，试验过程中液压支架经历了 8 次卸载，顶板呈现阶梯式下沉规律，支架每次卸载时顶板下沉梯度为 3~3.5mm；煤壁发生局部片落时顶板最大下沉量为 35mm，顶板下沉量较大；1 号、2 号、3 号位移传感器的最大水平位移分别为 15mm、13.5mm、11.5mm，煤壁水平位移较大；煤壁水平位移从开始增长到煤壁局部片落的时间间隔为 1400s，煤壁片帮突发性不明显，即在液压支架 2 的支护作用下，煤壁在较长时间内积累了一定的垂直位移和水平位移才能诱发局部片帮，煤壁片帮现象有所缓解。

（6）在液压支架 3 的支护作用下，顶板千斤顶加载 87 次后，工作面煤壁裂隙发育，局部较为破碎，但未发生片帮现象，煤壁加载初期支架增阻期间，顶板下沉缓慢，顶板千斤顶加载 42 次后，顶板下沉量仅为 3.6mm；液压支架卸载期间顶板出现较大下沉，试验中液压支架经历 8 次卸载，顶板呈阶梯式下沉，每次卸载时顶板下沉梯度为 2mm；试验经过 8 次液压支架卸载、87 次顶板千斤顶加载后，工作面未发生煤壁片帮现象，此时顶板最大下沉量为 26mm，顶板下沉量小；1 号、2 号、3 号位移传感器的最大水平位移分别为 11mm、8.5mm、6.5mm，煤壁水平位移相对较小，即在液压支架 3 的支护作用下，煤壁在有限时间内积累的垂直位移和水平位移量较小，不足以触发煤壁片帮。

（7）总体来看，没有液压支架支护时，顶板下沉速率较快，煤壁片帮具有突发性，煤壁积累较小的顶板下沉量及煤壁水平位移量即可触发煤壁片帮；在液压支架支护作用下，顶板下沉速率得到明显控制，煤壁须积累较大水平位移和垂直位移才有可能触发煤壁片帮现象；增加液压支架刚度，有利于进一步控制顶板下沉速率，延迟煤壁片帮出现的时间，为煤壁片帮的控制争取宝贵的时间。

第6章 大采高工作面煤壁稳定性控制技术及现场应用

本章建立了基本顶关键岩块冲击模型，分析了煤体弹性模量、直接顶弹性模量、支架刚度等因素对顶板载荷、煤壁集中力、煤壁弯矩的影响，提出了缓解顶板载荷、降低煤壁集中力、控制基本顶关键岩块回转的煤壁稳定性控制原则；结合王庄煤矿8101大采高工作面煤壁片帮治理的工程实践，根据其地质条件和工作面设备条件，确定了提高支架刚度及初撑力、提高护帮板使用率、工作面煤壁注浆、优化工作面回采工艺的煤壁稳定性控制技术，取得了良好的煤壁片帮防治效果。

6.1 基本顶关键岩块冲击模型

根据大采高工作面煤壁稳定性力学模型、大采高工作面支架-煤壁系统刚度力学模型、煤壁稳定性三维相似模拟试验，影响煤壁稳定性的主要因素有顶板载荷、煤壁集中力、煤壁弯矩、液压支架、煤体力学性质等。因此，防治煤壁破坏、提高煤壁稳定性，应从以上煤壁破坏影响因素着手。

工作面正常推进阶段，基本顶在工作面后方形成悬臂梁结构；工作面周期来压期间，基本顶发生破断回转，对液压支架和工作面煤壁形成冲击，此时容易造成液压支架安全阀开启，导致顶板下沉速率增大，煤壁稳定性降低。大量生产实践及现场观测也表明，大采高工作面基本顶来压期间是煤壁片帮事故的高发期。然而，当工作面实体煤及液压支架具有较大刚度时，基本顶在工作面后方或液压支架后方破断，矿山压力被甩到工作面后方的采空区内，工作面煤壁及液压支架所承受的冲击作用减小，发生煤壁片帮的概率降低，如图6-1（a）所示；若基本顶在工作面前方发生破断，工作面煤壁及液压支架将承受较大的冲击力，煤壁发生片帮破坏的概率显著增大，如图6-1（b）所示。因此，基本顶关键岩块的破断位置与煤壁稳定性密切相关，这里考虑煤壁破坏危险性最高的情况，即基本顶关键岩块在煤壁前方发生断裂。

根据以上分析，建立了基本顶周期来压期间关键岩块冲击模型，如图6-2所示。选取工作面关键岩块、直接顶、煤壁、支架所组成的系统为研究对象，假设基本顶关键岩块在工作面前方发生断裂，并以关键岩块的断裂位置作为模型左边界。模型中，随动岩层及上覆岩层对关键岩块的作用力为 q_s，关键岩块长度为 L，其中位于煤层上方的基本顶岩块的长度为 L_a，位于支架上方的基本顶岩块的长度为 L_b，直接顶厚度为 H_z，煤层厚度为 H_c，液压支架控顶距为 l_k。

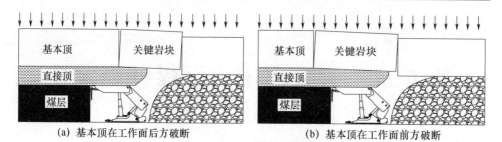

(a) 基本顶在工作面后方破断　　　　　(b) 基本顶在工作面前方破断

图 6-1　基本顶关键岩块破断位置

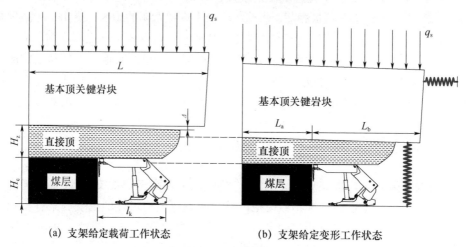

(a) 支架给定载荷工作状态　　　　　(b) 支架给定变形工作状态

图 6-2　基本顶关键岩块冲击模型

在基本顶关键岩块发生破断前，液压支架以一定的初撑力和工作阻力支撑顶板，当支架所承受的载荷过大时，支架液压阀开启并产生一定的活柱回缩量，此时，直接顶与基本顶之间形成离层 Δ，支架仅受到离层后的直接顶岩层的自重压力作用，液压支架处于给定载荷工作状态，其所受的载荷值不大且较为固定，力学模型如图 6-2（a）所示。

当基本顶关键岩块达到极限跨距并发生破断后，基本顶破断岩块以自由落体运动对直接顶、液压支架、工作面煤壁形成冲击作用，此时液压支架的受载和变形取决于上覆岩层的运动状态，仅靠液压支架的支撑力难以阻止和平衡上覆岩层的运动，当基本顶关键岩块在下沉过程中接触到采空区冒落矸石或与采空区上方已破断基本顶岩块形成铰接结构后，支架的变形停止，模型重新进入平衡状态，此时液压支架处于给定变形工作状态，如图 6-2（b）所示。

在顶板-支架-底板组成的系统中，顶（底）板的刚度与液压支架刚度相差悬殊，因此整个系统的刚度主要由液压支架决定。为简化模型，这里将工作面前方直接顶和煤层视为同一种介质的材料。基本顶发生破断前，直接顶、煤层、液压支架在基本顶及随动岩层的重力作用下发生变形，工作面前方煤层和直接顶的变

形总量与工作面后方支架和直接顶的变形总量相等，即

$$s_f = s_z + s_s \tag{6.1}$$

式中，s_f 为工作面前方直接顶和煤层总变形量（m）；s_z 为工作面后方直接顶变形量（m）；s_s 为液压支架活柱压缩量（m）。

因此，工作面前方直接顶和煤层的应变量与工作面后方直接顶的应变量分别为

$$\varepsilon_f = \frac{s_f}{H_c + H_z} \tag{6.2}$$

$$\varepsilon_z = \frac{s_z}{H_z}$$

式中，ε_f 为工作面前方直接顶和煤层的总应变量；ε_z 为工作面后方直接顶的应变量；H_c、H_z 分别为煤层和直接顶的厚度（m）。

由于支架与直接顶的作用力是一对作用力和作用反力，因此在工作面后方，直接顶内部的垂直应力和液压支架所承受的载荷相等，即

$$E_z \varepsilon_z l_k = \frac{K s_s}{W_s} \tag{6.3}$$

式中，E_z 为破碎损伤后的直接顶弹性模量（MPa）；l_k 为液压支架控顶距（m）；K 为液压支架刚度（N/m）；W_s 为液压支架中心距（m）。

基本顶悬臂结构发生破断后，关键岩块经过回转运动和自由落体运动，对直接顶、液压支架、煤壁形成冲击作用。当关键岩块的冲击作用完成后，其机械能的减小量为

$$W = (G + Q)(\Delta + s_f) + E_{ki} \tag{6.4}$$

式中，W 为基本顶关键岩块的机械能（重力势能及动能）的减小量（J）；G 和 Q 分别为基本顶关键岩块和随动岩层的重力（N）；Δ 为关键岩块冲击前基本顶与直接顶的离层量（m）；E_{ki} 为基本顶岩块破断时的初始动能（J）。

整个冲击过程中，关键岩块的机械能一部分转化为直接顶、煤层、液压支架的应变能，另一部分则转变为直接顶和煤壁破坏所需要的裂隙表面能及热能。根据能量守恒原理，可知

$$W = \frac{1}{2} E_f \varepsilon_f^2 L_a (H_z + H_c) + \frac{1}{2} E_z \varepsilon_z^2 l_k H_z + \frac{1}{2} \frac{K s_s^2}{W_s} + \eta W \tag{6.5}$$

式中，E_f 为工作面前方损伤煤体的弹性模量（MPa）；L_a 为煤层上方基本顶的长度（m）；η 为能量转换过程中表面能及热能占机械能总量的比例系数。

结合式（6.1）至式（6.5），可求得工作面前方直接顶和煤层点变形量 s_f、工作面后方直接顶变形量 s_z、液压支架的活柱压缩量 s_s 分别为

$$s_f = \frac{(B+C)D + \sqrt{(B+C)^2 D^2 + 4(B+C)(AB+BC+AC)R}}{2(AB+BC+AC)}$$

$$s_z = \frac{C s_f}{B+C} \tag{6.6}$$

$$s_s = \frac{B s_f}{B+C}$$

式中，A、B、C、D、R 均为参数。

$$A = \frac{L_a}{2\,(H_c + H_z)}E_f$$

$$B = \frac{l_k}{2H_c}E_z$$

$$C = \frac{K}{2W_s} \tag{6.7}$$

$$D = (1-\eta)\,(G+Q)$$

$$R = (1-\eta)\,[E_{ki} + (G+Q)\,\Delta]$$

根据所求得的工作面煤层、直接顶及液压支架的变形量，结合胡克定律即可得到作用于煤层上方及液压支架上方的载荷。

6.2 大采高工作面煤壁稳定性控制原则

6.2.1 缓解顶板载荷

在基本顶关键岩块冲击模型中，工作面煤体内的垂直应力即为作用于煤层上方的顶板载荷。结合式（6.2）、式（6.6）及本构关系，可得冲击过程中顶板载荷最大值为

$$q = E_f \frac{(B+C)\,D + \sqrt{(B+C)^2 D^2 + 4\,(B+C)\,(AB+BC+AC)\,R}}{2\,(AB+BC+AC)\,(H_c+H_z)} \tag{6.8}$$

由第 2 章煤壁稳定性力学模型可知，顶板对煤壁的载荷作用对煤壁破坏具有显著影响，缓解煤壁片帮能够提高煤壁稳定性。这里研究工作面损伤煤体弹性模量 E_f、支架上方破碎直接顶弹性模量 E_z、液压支架刚度 K 对顶板载荷的影响规律。

式（6.8）中的基础数据：工作面损伤煤体弹性模量 E_f 为 60MPa，支架上方破碎直接顶弹性模量 E_z 为 120MPa，液压支架刚度 K 为 10MN/m；冲击前基本顶与直接顶之间的离层量 Δ 为 0.1m，煤壁上方关键岩块宽度 L_a 为 5m，支架上方关键岩块宽度 L_b 为 10m，液压支架控顶距 l_k 为 5m，煤层厚度 H_c 为 6m，直接顶厚度 H_z 为 10m，液压支架中心距 W_s 为 2m，基本顶关键岩块重力 Q 为 2.7MN，随动岩块重力 G 为 4.32MN，基本顶破断岩块的初始动能 E_{ki} 为 0.6MJ，直接顶和煤壁的吸能系数 η 为 0.05。

工作面前方损伤煤体弹性模量对顶板载荷的影响如图 6-3 所示。可以看出，煤壁承受载荷与煤体弹性模量呈非线性正相关，即煤体弹性模量越大，煤壁上方的顶板载荷也越大。因此，当工作面前方煤体损伤程度较大时，煤壁所承受顶板载荷较小，工作面前方煤体卸载，支承压力前移。随着煤体弹性模量的减小，煤壁承受的顶板载荷减小速率增大。顶板载荷对煤体弹性模量保持较

高的敏感度。

支架上方破碎直接顶的弹性模量与顶板载荷的关系如图 6-4 所示。随着直接顶弹性模量的增大，煤壁上方的顶板载荷逐渐降低，即在基本顶关键岩块的载荷及其冲击作用下，当液压支架上方的直接顶较破碎时，工作面煤壁所承受的顶板载荷越来越大。但随着直接顶弹性模量的变化，顶板载荷变化并不明显，因此直接顶弹性模量对顶板载荷的敏感度较弱。

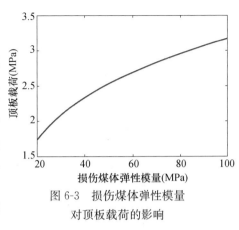

图 6-3　损伤煤体弹性模量
对顶板载荷的影响

液压支架刚度对顶板载荷的影响规律如图 6-5 所示。显而易见，支架刚度与顶板载荷呈非线性负相关，即随着液压支架刚度的增大，煤壁所承受的顶板载荷减小，且顶板载荷随支架刚度的变化速率较为稳定，也就是说，随着液压支架刚度的增大，顶板载荷对其敏感度基本保持不变。

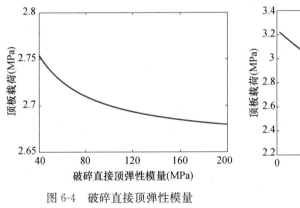

图 6-4　破碎直接顶弹性模量
对顶板载荷的影响

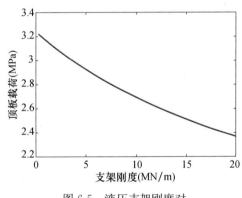

图 6-5　液压支架刚度对
顶板载荷的影响

6.2.2　降低煤壁集中力

在基本顶关键岩块冲击过程中，煤壁处所承受的顶板集中力 P 的大小主要由关键岩块和随动岩块的重力、关键岩块的悬臂长度、液压支架的工作阻力等共同决定。当关键岩块和随动岩块的尺寸一定时，液压支架的工作阻力越大，煤壁的等效集中力越小，煤壁的稳定性越好。

考虑液压支架刚度 K 及其压缩量 s_s，可得液压支架的阻力为

$$F = K \frac{(B+C) \ BD + B \ \sqrt{(B+C)^2 D^2 + 4 \ (B+C) \ (AB+BC+AC) \cdot R}}{2 \ (B+C) \ (AB+BC+AC)}$$

$$(6.9)$$

支架阻力随损伤煤体弹性模量的变化规律如图 6-6 所示。随着工作面损伤煤体弹性模量的增大，支架阻力逐渐降低，两者呈非线性负相关。结合顶板载荷与损伤煤体弹性模量的关系，工作面煤体弹性模量越大，煤壁损伤程度越低，煤体所承受的载荷越多，支架工作阻力越小。与此同时，支架阻力与煤壁的等效集中力呈反比，因此，工作面煤体弹性模量越小，液压支架所承担的顶板作用力越大，而煤壁所承受的集中力越小。随着损伤煤体弹性模量的变化，支架工作阻力的变化区间也较大，因此，支架阻力对工作面煤体的弹性模量具有较高的敏感度。

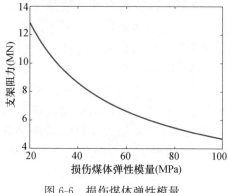

图 6-6 损伤煤体弹性模量
对支架阻力的影响

破碎直接顶的弹性模量与液压支架阻力的关系如图 6-7 所示。可以看出，两者呈非线性正相关，随着直接顶弹性模量的增大，支架阻力也随之增大，且其增长速率逐渐放缓。因此，当支架上方直接顶破碎程度越小即直接顶越完整时，液压支架的阻力越大，而作用在煤壁的等效集中力越小。然而，随着直接顶弹性模量的变化，支架阻力的变化区间并不大，也就是说，支架工作阻力对直接顶弹性模量的敏感度较弱。

液压支架刚度与支架阻力的关系如图 6-8 所示。随着液压支架刚度的增大，支架阻力也呈现出增长趋势，且支架阻力的增长速率较为稳定，同时，在给定的支架刚度变化范围内，支架阻力的变化区间也较大，因此支架阻力对支架刚度保持较稳定、较高的敏感度。在进行液压支架选型时，选择刚度较大的液压支架，有利于液压支架的快速增阻，降低作用于工作面煤壁的集中力。

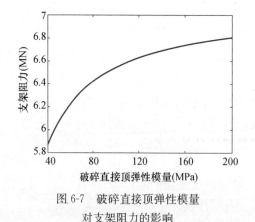

图 6-7 破碎直接顶弹性模量
对支架阻力的影响

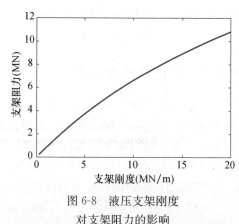

图 6-8 液压支架刚度
对支架阻力的影响

6.2.3　控制基本顶关键岩块回转

当基本顶关键岩块对直接顶、煤壁、液压支架完成冲击后，关键岩块首先与直接顶接触。然而，在关键岩块未接触采空区冒落矸石或未与其后方的采空区破断岩块形成铰接结构之前，关键岩块仍处于非稳定状态，关键岩块的进一步回转运动仍然会对工作面煤壁形成力矩作用，增大煤壁片帮的危险性。因此，在基本顶关键岩块回转期间，液压支架处于给定变形工作状态，支架需提供足够的刚度及工作阻力，限制关键岩块的进一步回转，使液压支架、关键岩块、煤壁所组成的系统处于力矩平衡状态，从而将关键岩块的回转运动延迟至工作面推进后在液压支架后方完成，这样有利于提高煤壁的稳定性。

因此，基本顶完成冲击后，式（6.5）不再适用，关键岩块及随动岩块的重力完全由工作面煤壁及工作面液压支架承担，即

$$Q+G=E_f\varepsilon_f L_a+\frac{Ks_s}{W_s} \tag{6.10}$$

联立式（6.10）与式（6.1）至式（6.3），可得工作面上方关键岩块、液压支架、工作面煤壁在力矩平衡状态中，工作面前方直接顶和煤层变形量 s_f、工作面后方直接顶变形量 s_z、液压支架活柱压缩量 s_s 分别为

$$s_s=\frac{E_z W_s l_k\ (H_c+H_z)\ W}{E_f KL_a H_z+E_f E_z L_a W_s l_k+E_z Kl_k\ (H_c+H_t)}$$

$$s_f=\frac{H_z K+W_s E_z l_k}{W_s E_b l_k}s_s \tag{6.11}$$

$$s_z=\frac{H_z K}{W_s E_b l_k}s_s$$

根据液压支架的压缩量及液压支架刚度，可得液压支架阻力为

$$F=\frac{KE_z W_s l_k\ (H_c+H_z)\ W}{E_f KL_a H_z+E_f E_z L_a W_s l_k+E_z Kl_k\ (H_c+H_t)} \tag{6.12}$$

当液压支架、关键岩块、煤壁系统的力矩处于平衡状态时，作用于工作面煤壁的力矩为

$$M=\frac{1}{2}\frac{L_b^2}{L_a+L_b}\ (Q+G)\ -\frac{F}{W_s}l_k \tag{6.13}$$

煤壁弯矩随工作面损伤煤体弹性模量的变化规律如图 6-9 所示。煤壁等效弯矩与煤体弹性模量呈非线性正相关，随着煤体弹性模量的增大，煤壁弯矩也增大，但其增长速率逐渐放缓。也就是说，在基本顶及随动岩层的重力作用下，当煤壁的损伤程度（弹性模量）较大时，作用于煤壁的弯矩较小。可以看出，在损伤煤壁弹性模量的变化范围内，煤壁弯矩的变化较大，因此损伤煤体弹性模量对煤壁弯矩具有较高的敏感度。

煤壁弯矩与损伤（破碎）直接顶弹性模量的关系如图 6-10 所示。随着破碎

直接顶弹性模量的增大，顶板对煤壁的弯矩逐渐减小，且其变化速率逐渐放缓。因此，在基本顶破断岩块及随动岩块的重力作用下，直接顶弹性模量减小，其承载能力减弱，作用于煤壁的弯矩增大，煤壁稳定性降低。不难发现，在破碎直接顶的弹性模量变化范围内，煤壁的弯矩变化区间仅为 16～17MN·m，因此，直接顶损伤弹性模量对煤壁弯矩的敏感度较弱。

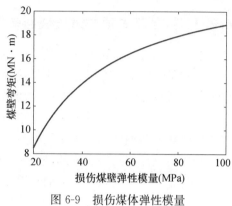

图 6-9　损伤煤体弹性模量
对煤壁弯矩的影响

　　煤壁弯矩与液压支架刚度的关系如图 6-11所示。随着支架刚度的增大，煤壁所承受的弯矩降低，煤壁弯矩随液压支架刚度的变化较为稳定，且在给定的支架刚度变化范围内，煤壁弯矩从 23MN·m 降低到了 12MN·m，因此煤壁弯矩对支架刚度保持较高的、较稳定的敏感度。在支架选型时，宜选择刚度较大的液压支架，有利于平衡顶板的弯矩，减小其作用于在煤壁上的弯矩，提高煤壁稳定性。

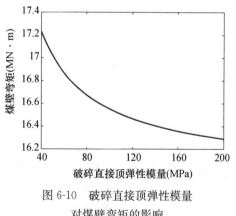

图 6-10　破碎直接顶弹性模量
对煤壁弯矩的影响

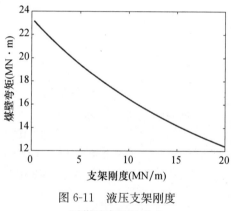

图 6-11　液压支架刚度
对煤壁弯矩的影响

　　因此，通过基本顶关键岩块冲击模型，可以看出液压支架刚度和工作面损伤煤体弹性模量对顶板载荷、煤壁集中力、煤壁弯矩具有较强、较稳定的敏感度，而破碎直接顶的弹性模量对以上因素的敏感度较弱。因此，从煤壁破坏防治的角度来看，直接顶刚度对煤壁稳定性的影响较弱，这也验证了铅直方向上的"直接顶-液压支架-直接底"采场系统刚度主要由支架刚度决定；而工作面推进方向上的"采空区-液压支架-工作面煤壁"采场系统刚度对煤壁稳定性的影响较为显著。

6.3　大采高工作面煤壁稳定性控制工程实践

王庄煤矿 8101 大采高工作面由于煤质松软、一次采出厚度大，工作面煤壁片帮问题严重，尤其是当工作面推进到 F286 断层附近时，片帮冒顶事故得不到有效控制，工作面生产受到严重影响，导致工作面一度停产，而后采取了相应的煤壁片帮防治措施，工作面煤壁稳定性得到明显改观。

6.3.1　提高液压支架刚度及初撑力

根据前述大采高工作面支架-煤壁系统刚度力学模型、煤壁稳定性三维相似模拟试验、基本顶关键岩块冲击模型可知，增大液压支架刚度有利于控制顶板下沉，缓解煤壁载荷，降低煤壁集中力，控制基本顶关键岩块的回转，延迟煤壁片帮的出现，为煤壁片帮的控制争取宝贵的时间，从而提高煤壁稳定性。因此，在条件允许的情况下，应尽量选取刚度较大的液压支架。当支架刚度一定时，通过提高支架初撑力，增大液压支架工作阻力，减少支架增阻时间，同样有利于煤壁稳定性控制。因此，大采高综采工作面液压支架选型时，应优先选取刚度较大的支架，并尽量保持较大的初撑力及工作阻力。

王庄煤矿 8101 大采高工作面所选支架型号为 ZY15000/33/72D，额定工作阻力为 15000kN（$P=38.2\text{MPa}$）。通过现场矿压监测，记录了工作面在检修期间和生产期间 129 架液压支架的工作阻力，汇总于图 6-12。监测期间，每班监测 2 次，每隔 4h 监测一次。

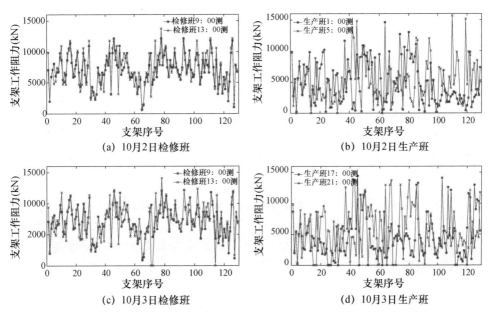

(a) 10月2日检修班　　　　　　(b) 10月2日生产班

(c) 10月3日检修班　　　　　　(d) 10月3日生产班

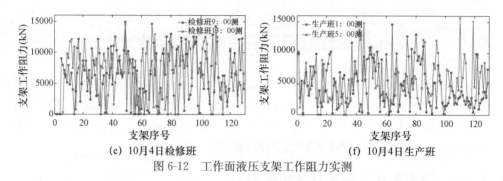

(e) 10月4日检修班 　　　　　　　(f) 10月4日生产班

图 6-12　工作面液压支架工作阻力实测

由于工作面检修期间不生产，因此矿压较为稳定，检修班 9：00、13：00 所监测的支架工作阻力数据也基本相同；同时由于检修期间工作面停产不推进，工作面基本顶破断岩块在重力作用下缓慢回转，持续对液压支架施加压力，导致液压支架活柱回缩量增大，因此支架工作阻力相对较大。具体来说，10 月 2 日检修班两次测量的支架工作阻力平均值分别为 7048.5kN、7185.6kN，为额定工作阻力的 46.99％、47.90％；10 月 3 日检修班两次测量的支架工作阻力平均值分别为 7096.3kN、7168.5kN，为额定工作阻力的 47.31％、47.79％；10 月 4 日检修班两次测量的支架工作阻力平均值分别为 6285.2kN、6644.3kN，为额定工作阻力的 41.90％、44.30％。

工作面生产期间，由于工作面保持一定的推进速度，基本顶关键岩块未完全处于稳定状态，因此支架工作阻力离散性较强；同时由于基本顶破断岩块的回转运动对支架的作用时间较短，因此生产期间支架工作阻力整体较小。具体来说，10 月 2 日生产班两次监测的支架工作阻力平均值分别为 4793.3kN、5127.8kN，为额定工作阻力的 31.96％、34.19％；10 月 3 日生产班两次监测的支架工作阻力平均值分别为 4742.5kN、5471.8kN，为额定工作阻力的 31.62％、36.48％；10 月 4 日生产班两次监测的支架工作阻力平均值分别为 4853.6kN、5093.1kN，为额定工作阻力的 32.36％、33.95％。

不难看出，无论是工作面生产期间或停产检修期间，工作面 129 架液压支架的平均工作阻力仅为额定工作阻力的 50％以下，工况较好的液压支架数量屈指可数。例如，10 月 3 日检修班 9 点测得的数据中，支架工作阻力达到 10000kN（额定工作阻力的 66.67％）的液压支架仅有 13 架（占支架总数的 10％），支架工作阻力达到 12000kN（额定工作阻力的 80％）的液压支架仅有 2 架（占支架总数的 1.6％）。

因此，整体来说，液压支架的支护性能未得到完全发挥，这也是 8101 大采高工作面煤壁稳定性较差的主要原因。针对 8101 工作面液压支架工作阻力普遍较小的现状，支架刚度、初撑力及工作阻力的确定原则及支架维护措施如下：

（1）液压支架在给定载荷工作状态时，应具有足够的初撑力和工作阻力，平衡直接顶和部分基本顶的自重；

（2）液压支架在给定变形工作状态时，应具有足够刚度，保证支架增阻过程中顶板下沉量小；

（3）基本顶初次来压和周期来压期间，液压支架应具有足够的工作阻力和刚度，平衡基本顶的冲击作用和自重；

（4）提高液压泵站压力，加强液压泵站的日常管理及维护，检测支架供液管路及胶圈密闭性，降低管路系统压力损失，防止液压系统漏液、冒液，确保泵站为液压支架提供足够压力；

（5）加强支架工专业技术培训，严格按照规程及技术标准进行移架，延长升柱时间，确保液压支架具有足够的初撑力；

（6）加强液压支架日常维护工作，安设支架初撑力和工作阻力保持阀，并对支架初撑力及工作阻力进行动态实时监测，确保工作面液压支架具备良好的支护性能。

6.3.2　合理设置液压支架初撑力

支架阻力现场观测数据表明，支架初撑力一般设定为额定工作阻力的 50% ～80%。工作面正常推进期间，当额定阻力充足、初撑力合理时，顶板收敛变形平稳，支架工作状态分为"初撑-增阻-降阻-移架"等阶段，见图 6-13（a）。顶板来压期间，当顶板冲击或覆岩压力过大时，易导致安全阀短暂开启，支架通过漏液让压避免立柱过载损坏，当工作阻力降为额定阻力的 90% 左右时，安全阀迅速闭合，继续承载，安全阀不断重复"开启-关闭"，支架保持"横阻"，支架工作状态分为"初撑-增阻-横阻-降阻-移架"，见图 6-13（b）。当支架初撑力过低时，移架前支架阻力可能远低于额定阻力，即使在正常推进期间顶板的下沉量也会较大，不利于顶板控制，见图 6-13（c）。

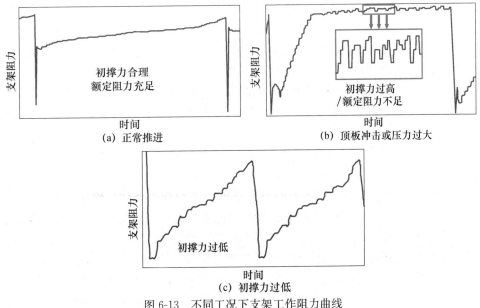

图 6-13　不同工况下支架工作阻力曲线

　　因此，当支架初撑力合理、额定阻力充足时，有利于顶板控制和围岩稳定。这里结合两个工作面在正常推进期间和周期来压期间的支架工作阻力循环曲线来反演分析顶板及围岩的稳定性。某矿 2307 大采高工作面煤层厚度为 6.6m，直接顶为砂质泥岩，平均厚度为 4m，基本顶为细砂岩，平均厚度为 7.5m，工作面选用 ZY9400/28/62 型大采高液压支架，工作面正常推进期间的支架工作阻力循环曲线如图 6-14 所示，支架稳定地重复"初撑-增阻-降阻-移架"的工作状态，仅在7月3日 16：00 左右出现短暂"横阻"状态，这可能是由于顶板不规则剧烈活动引起的。可以推断工作面正常推进期间，顶板压力较小且运动平稳。

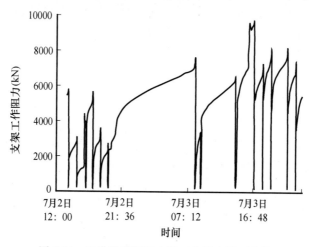

图 6-14　正常推进期间支架工作阻力循环曲线

　　3108 工作面煤层厚度为 2.86m，直接顶为砂质泥岩，平均厚 11.31m，基本顶为细砂岩，平均厚 2m，支架型号为 ZY6800/17/37D，基本顶来压期间的支架工作阻力如图 6-15 所示。由于来压期间覆岩压力较大，支架多次出现"初撑-迅速增阻-横阻-降阻-移架"的工作状态，可以推断出顶板下沉严重或出现离层，顶板破断后对支架形成冲击，支架迅速增阻，当达到额定工作阻力时，安全阀短暂开启卸压，又迅速闭合继续承压，因此多次出现"横阻"工作状态。产生"横阻"的原因：一方面是因为支架额定工作阻力不足，导致7月6日至7月11日期间，支架阻力多次达到额定阻力 6800kN；另一方面，在7月6日至7月7日期间和7月8日至7月9日期间，支架阻力出现两次明显的"横阻"状态（可以推断在此期间支架安全阀频繁开启让压），两次"横阻"期间，支架的初撑力为 5500kN 左右，为额定工作阻力的 81%，因此初撑力过高也是支架产生"横阻"、围岩稳定性差的原因之一。

　　对比正常推进、来压期间的支架工作阻力曲线，结合缓解支架阻力、降低煤壁压力、控制基本顶回转的支架防冲原则，不难看出，在现场实践中，应避免支架出现"横阻"工作状态：一方面可以增大支架刚度或额定阻力，能够减少顶板下沉，减缓顶板回转或剧烈运动对支架的冲击作用，同时支架具有足够的余量阻力，避免"横阻"现象；另一方面须设置合理初撑力或初撑力/额定工作阻力比值，这是由于初撑力过低时顶板控制效果差，初撑力过高时余量阻力通常不足，在顶板冲击或压力较大的情况下支架会出现"横阻"工作状态。

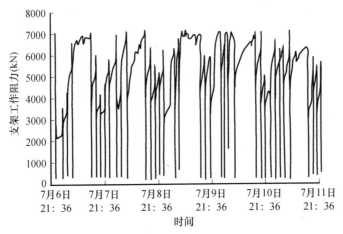

图 6-15 来压期间支架工作阻力循环曲线

6.3.3 提高护帮板使用率

液压支架护帮板虽然难以改变工作面前方煤体的应力场、位移场及塑性区宽度，但可以有效控制煤壁破坏的进一步发展，防止工作面煤壁的结构失稳进一步发展为功能失稳。8101 大采高工作面采用 ZY15000/33/72D 液压支架，具备三级互帮机构，互帮高度达 3.65m，最大支护力为 5000kN。在工作面推进过程中，应尽量提高支架护帮板的使用率，支架工和采煤机司机应密切配合，在采煤机割煤前，提前 1~2 架液压支架收起支架护帮板；当采煤机割煤完成后，重新打开支架护帮板保护煤壁，确保工作面煤壁始终处于互帮板的保护中，如图 6-16 所示。

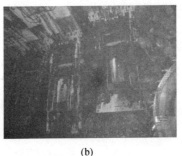

(a)　　　　　　　　　　　(b)

图 6-16 液压支架护帮板保护煤壁

现阶段液压支架护帮板仅能对工作面煤壁提供 0.1MPa 左右的支护阻力甚至更小，很难从根本上改变工作面破碎煤体的运动状态，因此在液压支架护帮板的设计和研发时，首先要提高支架护帮板的支护阻力。此外，一般情况下支架护帮板所提供的支护阻力垂直于工作面煤壁，如图 6-17（a）所示。然而，根据煤壁稳定性的数值模拟结果，工作面煤壁最大位移出现在煤壁中上部，并具有斜向下朝向采空区的运动趋势，因此设计和研发支架护帮板时，护帮板应为煤壁提供倾斜向上的支护阻力，且支护阻力应上部小、下部大，有利于更有效地限制工作面煤壁的运动，如图 6-17（b）所示。

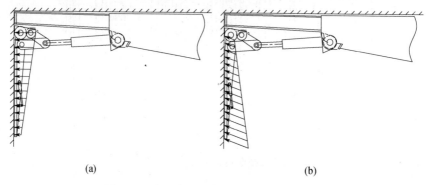

(a)   (b)

图 6-17　液压支架护帮板支护阻力分布规律

6.3.4　工作面煤壁注浆

（1）注浆加固材料

王庄煤矿 8101 软煤层大采高工作面地质构造复杂，特别是在地质构造影响段，工作面围岩碎段，需采用马丽散材料对工作面前方的煤壁进行注浆加固，浆液固结体具有提高煤体力学性质、形成承载结构及网络骨架结构等作用。

① 提高煤体力学性质

煤壁稳定性力学模型、煤壁破坏 PHASE 2D 数值模拟结果显示，煤体力学参数显著影响煤壁的稳定性。通过工作面煤壁注浆，可以提高煤体的内摩擦角和黏聚力，有效改善煤体力学性能和煤体承载能力，保证工作面推进过程中不出现片帮冒顶事故。

② 浆液固结体形成承载结构

根据预制裂隙煤岩体的力学参数试验，节理裂隙对煤岩体的力学性能具有显著的弱化作用，从而降低工作面煤壁的承载能力，增大煤壁片帮的概率。当浆液注送到工作面煤壁纵横交错的节理裂隙中并固结后，破碎松散的煤体在浆液的胶结作用下变为完整体，形成新的承载结构，有效地改善了煤体中软弱不连续面的力学性能，提高了工作面煤体的自稳能力和承载能力。

③ 浆液固结体形成网络骨架结构

工作面注浆后，浆液固结体具有良好的粘结性和韧性，并在煤体内形成了网络骨架结构。在采动影响和矿山压力的作用下，顶板载荷主要由强度较高的煤体承担；当煤体内的应力超过煤体自身强度时，在网络骨架结构的作用下，煤体的残余强度提高，限制煤壁破坏的进一步发展。

（2）注浆方案及注浆设备

通过采用钻孔窥视仪观测 8101 工作面超前段煤壁前方塑性区发育范围，确定工作面钻孔深度为 10m，孔径为 42mm，工作面面长方向上钻孔间距为 8m，钻孔距工作面顶板距离为 1.5m，钻孔仰角为 13°，注浆压力为 3MPa。注浆设备主要包括浆体注射花管、封孔器、快速接头、专用注射枪、高压胶管、气动注浆泵，注浆材料主要为马丽散混合液。

（3）工作面注浆工艺流程

① 将煤壁注浆所需要的设备及注浆材料通过风井运送至井下，在工作面现场进行注浆前的施工准备工作（准备风源、水、清洗剂等），根据注浆孔布置方案进行煤壁打孔作业；

② 对高压管、风动泵及枪等煤壁注浆仪器和设备进行检查，检查无故障后进行注浆仪器的连接和冲洗；

③ 准备工作及钻孔作业完成后，对钻孔注浆并及时封孔，封孔时间可根据注浆压力、注浆量、浆液漏失量来确定，封孔完后换孔注浆；

④ 施工过程中严格按照注浆规程及注浆设备、注浆材料的使用说明进行作业，及时清洗混合枪、多功能泵、管路等注浆设备和附加设施，待施工完成后关闭风源并清理现场。

6.3.5　优化工作面回采工艺

（1）带压移架、及时支护

采煤机割煤后新暴露的无支护顶板易导致煤壁承受压力过大、煤壁稳定性降低，因此应采用带压移架、及时支护技术。采煤机割煤后，以先拉架、后推刮板输送机的顺序，带压擦顶移架；移架后液压支架顶梁端部顶住工作面煤壁，并及时打开护帮板。移架速度应与采煤机运行速度保持一致。

（2）降低工作面采高

地质构造破碎段是煤壁片帮事故的高发区域，8101 大采高工作面推进至 F286 断层附近时，采高由 6.3m 降低到了 4.5m，通过留设部分底煤，减少了底板割岩量，配合煤壁注浆、提高支架及护帮板支护强度等措施，安全顺利通过了 F286 断层。

（3）加快工作面推进速度

根据基本顶关键岩块冲击模型，关键岩块未接触采空区冒落矸石或未与已破断岩块形成铰接结构之前，关键岩块持续回转下沉，对支架及工作面煤壁施加压力，煤壁稳定性降低，这也是工作面检修期间支架工作阻力普遍较大的原因。在条件允许的情况下，适当加快工作面推进速度，基本顶在工作面后方或液压支架后方破断，矿山压力被甩到工作面后方的采空区内，煤壁及支架上方的载荷减小，煤壁片帮的概率降低。

王庄煤矿 8101 大采高工作面采用以上煤壁片帮防治措施后，提高了工作面煤壁稳定性，煤壁片帮次数、片帮深度、片帮高度均显著降低，片深大于 1.2m、片高大于 1.7m 的工作面大块煤壁片帮事故不再发生，工作面煤壁破坏得到了有效控制，提高了采煤机开机率，确保了工作面的安全、高效推进，工作面产能得到了恢复和提高。

6.4 本章小结

（1）本章建立了基本顶关键岩块冲击模型，明确了损伤煤体弹性模量、破碎直接顶弹性模量、支架刚度与顶板载荷、煤壁集中力、煤壁弯矩的关系，其中，支架刚度和工作面损伤煤体弹性模量对顶板载荷、煤壁集中力、煤壁弯矩具有较强、较稳定的敏感度，而破碎直接顶的弹性模量对以上因素的敏感度较弱，验证了工作面推进方向上的"采空区-液压支架-工作面煤壁"采场系统刚度关系对煤壁稳定性的影响较为显著。本章提出了缓解顶板载荷、降低煤壁集中力、控制基本顶关键岩块回转的煤壁稳定性控制原则。

（2）本章根据王庄煤矿 8101 大采高工作面液压支架工作阻力的现场监测数据，工作面生产期间，支架工作阻力为额定工作阻力的 30%～35%，工作面检修期间，支架工作阻力为额定工作阻力的 42%～48%，判断支架性能未得到充分发挥。在液压支架刚度一定的条件下，延长支架升柱时间和供液时间，缩短支架增阻时间，有利于提高液压支架初撑力，控制顶板下沉、提高煤壁稳定性。

（3）本章结合王庄煤矿大采高工作面的地质条件和设备条件，提出了提高液压支架刚度及初撑力、提高护帮板使用率、工作面煤壁注浆、优化工作面回采工艺等煤壁稳定性控制技术，工作面煤壁稳定性显著提高，大块煤壁片帮事故得到有效控制，工作面产能得到恢复。

参考文献

[1] 钱鸣高. 煤炭的科学开采 [J]. 煤炭学报, 2010, 35 (4)：529-534.

[2] 钱鸣高, 许家林, 王家臣. 再论煤炭的科学开采 [J]. 煤炭学报, 2018, 43 (1)：1-13.

[3] 王家臣, 刘峰, 王蕾. 煤炭科学开采与开采科学 [J]. 煤炭学报, 2016, 41 (11)：2651-2660.

[4] 王家臣, 王蕾, 郭尧. 基于顶板与煤壁控制的支架阻力的确定 [J]. 煤炭学报, 2014, 39 (8)：1619-1624.

[5] 王家臣. 极软厚煤层煤壁片帮与防治机理 [J]. 煤炭学报, 2007, 32 (8)：785-788.

[6] WANG J C, YANG S L, KONG D Z. Failure mechanism and control technology of longwall coal face in large-cutting-height mining method [J]. International Journal of Mining Science and Technology, 2016, 1 (26)：111-118.

[7] 袁永, 屠世浩, 马小涛, 等. "三软"大采高综采面煤壁稳定性及其控制研究 [J]. 采矿与安全工程学报, 2012, 29 (1)：21-25.

[8] 李晓坡, 康天合, 杨永康, 等. 基于 Bishop 法的煤壁滑移危险性及其片帮深度的分析 [J]. 煤炭学报, 2015, 40 (7)：1498-1504.

[9] 殷帅峰, 何富连, 程根银. 大采高综放面煤壁片帮判定准则及安全评价系统研究 [J]. 中国矿业大学学报, 2015, 44 (5)：800-807.

[10] 钱鸣高, 石平五. 矿山压力与岩层控制 [M]. 徐州：中国矿业大学出版社, 2003.

[11] 刘长友, 钱鸣高, 曹胜根. 采场支架与围岩系统刚度的研究 [J]. 矿山压力与顶板管理, 1998 (3)：2-4.

[12] 刘长友, 钱鸣高, 曹胜根, 等. 采场支架阻力与顶板下沉量关系的研究 [J]. 矿山压力与顶板管理, 1997 (Z1)：13-15.

[13] 刘长友, 钱鸣高, 曹胜根, 等. 采场直接顶对支架与围岩关系的影响机制 [J]. 煤炭学报, 1997, 22 (5)：471-476.

[14] 王国法. 液压支架技术体系研究与实践 [J]. 煤炭学报, 2010, 35 (11)：1903-1908.

[15] 王国法, 庞义辉. 液压支架与围岩耦合关系及应用 [J]. 煤炭学报, 2015, 40 (1)：30-34.

[16] 徐刚. 采场支架刚度实验室测试及与顶板下沉量的关系 [J]. 煤炭学报, 2015, 40 (7)：1485-1490.

[17] 王家臣, 刘峰, 王蕾. 煤炭科学开采与开采科学 [J]. 煤炭学报, 2016, 41 (11)：2651-2660.

[18] WILSON A H. Support load requirements on longwall faces [J]. Mining Engineering, 1975：479-488.

[19] SMART B G, REDFERN A. The evaluation of powered support specifications from geo-

logical and mining practice information ［M］．Ch. In Rock Mechanics：Key to Energy Production，Balkema，1986：367-377.

［20］ BARCZAK T，CHEN J，BOWER J. Pumpable roof supports：developing design criteria by measurement of the ground reaction curve ［C］．22nd International Conference on Ground Control in Mining in Morgantown，WV，USA，2003：283-94.

［21］ MEDHURST T，REED K. Ground response curves for longwall support assessment ［J］．Transactions of the Institutions of Mining Metallurgy：Mining Technology，2005，114：A81-88.

［22］ PRUSEK S，PLONKA M，WALENTEK A. Applying the ground reaction curve concept to the assessment of shield support performance in longwall faces ［J］．Arabian Journal of Geosciences，2016，9（3）：167.

［23］ 郭卫彬．大采高工作面煤壁稳定性及其与支架的相互影响机制研究 ［D］．徐州：中国矿业大学，2015.

［24］ 孔德中，杨胜利，高林，等．基于煤壁稳定性控制的大采高工作面支架工作阻力确定 ［J］．煤炭学报，2017，43（2）：590-596.

［25］ 伍永平，胡博胜，谢盘石，等．基于支架-围岩耦合原理的模拟试验液压支架及测控系统研制与应用 ［J］．岩石力学与工程学报，2018，37（2）：374-382.

［26］ 娄金福．大比尺采场模型试验液压支架模拟系统研究及应用 ［J］．煤炭科学技术，2018，46（5）：67-73.

［27］ 杨培举．两柱掩护式放顶煤支架与围岩关系及适应性研究 ［D］．徐州：中国矿业大学，2009.

［28］ TRUEMAN R，LYMAN G，CALLAN M. et al. Assessing longwall support-roof interaction from shield leg pressure data ［J］．Mining Technology：Transactions of the Institutions of Mining and Metallurgy Section A，2005，114（3）：176-184.